JN077513

福野礼一郎
あれ以後全集 8

CAR GRAPHIC

目次

※本書に掲載している原稿中の車両の諸元や各種データ、企業情報、ご紹介している自動車・部品メーカーの方々の所属部署や役職などについては、いずれも原稿執筆当時のものです。

福野礼一郎あれ以後全集 8

2014年11月25日（「特選外車情報エフロード」連載「晴れた日にはクルマに乗ろう」）

BMW i8　見た感じは超未来的スーパーカー　乗った感じは……。

JR東日本と国際観光会館が三井不動産と共同で敢行したJR東京駅八重洲口の再開発は着工から10年間を費やした大プロジェクトだった。

まず駅北側の国際観光会館ビルを取り壊して地上43階建てのグラントーキョーノースタワーを着工、ほぼ同時に南側に42階建ての同サウスタワーを起工。2007年の両タワー竣工後、大丸デパート東京店がノースタワーに引越し、1963年に出来て以来八重洲口のランドマークだった駅前の鉄道会館ビルを解体・撤去してノースタワーとサウスタワーの間に4階建てのターミナルビル＋ガラス大屋根を持つ「グランルーフ」が完成した。

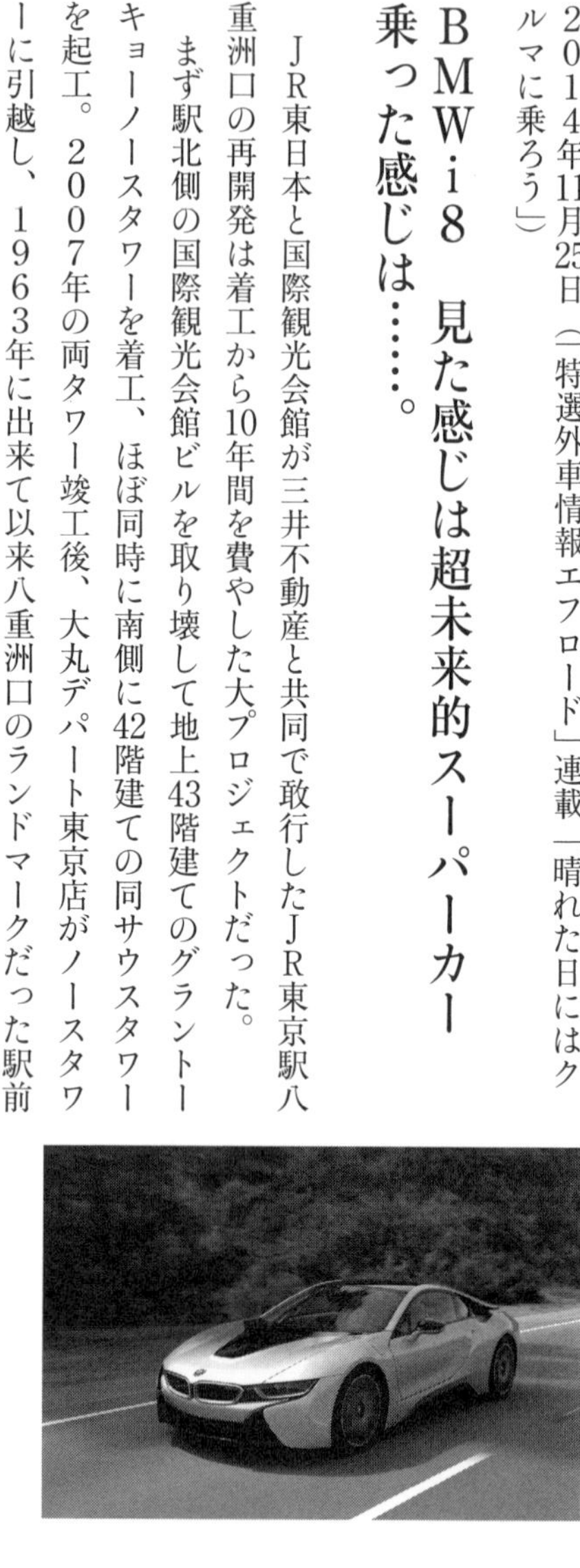

丸の内口との間をオープンスペースにすることによって空気の導通を確保するのがねらいという全体のデザインアーキテクトは、フランクフルトのメッセタワー、ベルリンのポツダマープラッツにあるソニーセンターなどを設計したヘルムート・ヤーン。BMW社の日本法人であるビー・エム・ダブリュー株式会社の本社はそのサウスタワー内にある。

同社広報車両の借用も同ビル地下の駐車場で行われるのが通常だ。

2014年11月19日（水）午前9時50分、サウスタワー地下3階。

福野 おはようございます。早速クルマ拝見します。

荒井 よろしくお願いします。

エフロードの古屋編集長が借用のための書類手続などを行っている間、二人でドアを開け内装を見る。

福野 インテリアはぜんぜんコンセプトカーのときと違うんだね。普通になっちゃった。i3はコンセプトカーに忠実だったのにねえ。

荒井 福野さんそれ逆です逆。i3のコンセプトカーはドアもフル4ドアの観音開きでインテリアもベンチシートとかで市販されたクルマはまったく別物だったんですけど、i8は基本そっくりですよショーカーと。

福野 2011年のショーのときのインテリアってこんなだった？ てかまああのときは警備が厳重でクルマに近づけなかったんだけど。

荒井 でもインテリアの写真は公開されてました。基本これです。それに去年のモーターショーのときこの生産型が飾ってあったじゃないですか。一生懸命見てたらガードマンに怒られた。

福野 そうだっけか。……すみません、こうなにかとくに運転に関して注意しなければならないようなことはありませんか。

BMW広報担当者 ありません。

福野 ……あそっスか。

古屋編集長 しかしカッコいいですねえ。ぶっ飛んでますねえ。

福野 すみませんちょっと室内の寸法計らせてください（ガルウイング式のドアを開いて、メジャーを使って室内のあちこちの寸法を測定する）ヒップポイントはハイトアジャスト最低状態だとシート前端でフロアから約150㎜、地上からだとヒップポイントまで280㎜くらい。スーパーセブンほどではないけど低いです。それに対してサイドシルの上面は（メジャーを当てる）地上530㎜あります。

荒井 （CFRP製のサイドシルをコツコツ叩く）本物ですねえ。

福野 CFRPはRTM（レジントランスファモールディング）ですよね。Vf（繊維含有比率）はドライカーボン＝プリプレグ・オートクレーブ成形の55％に対して50％くらいといわれてます。CFRPの繊維を見ると、i3と同じでサイドシル部全体をZ縫いしてますね。硬化・成形前の生地段階でドライのUDをレイヤーして上下方向から炭素繊維糸で縫い合わせてる。CFRPは引っ張りには死ぬほど強いが、強度を一気に失うのはレイヤー間の接着が剥がれたとき。なのでレイヤー間をあらかじめがっっちり縫製しておけば、衝撃を受けたときの層間剥離が遅れるから強度を保持する時間が長くなって衝撃吸収性がよくなるという理屈です。タックのあるプリプレグでは縫製なんかできないから、RTMゆえのテクニックですね。（サイドシルのへりが丸く盛り上がったような形状になっている）これはなんだろうな。ドア側との兼ね合いかな。（CFRP製のドアのサイドシルとの接合面を見る）

荒井 ウエザーストリップがぴったりはまり込むようになってるみたいですね。騒音対策ですか。

福野　どうもそのようですね。（リヤ席に乗ろうとするがバックレストが倒れない）
荒井　あれ。どこかな。これか。これだ。
福野　（リヤ席に乗り込む）いててててて。
古屋編集長　（笑）９１１くらいですか。もっと狭い？
福野　ちょうど９１１くらいですね。首をすくめて頭を低くして前席を抱きかかえる感じ。ただしサイドシルは９１１の倍くらいの高さなので出るときに一苦労する。
荒井　これって１４７万円の「ピュアインパルス」仕様のやつですよね。他にオプションってなにがついているんですか。
ＢＭＷ広報担当者　そこに書いてあります（荒井さんが手に持っている装備表を指さす）。
荒井　「コネクテッドドライブ」５万７０００円とメタリックペイント（４万９０００円）だけですか。
ＢＭＷ広報担当者　（無言）
前後のサスをのぞき見る。
福野　フロントはハイアッパーとロワダブルリンク、アルミ鍛造。ドライブシャフトがありますがフロントにエンジンはないんでステアリングラック＋タイロッドはＦＲ式に前側です。タイヤはポテンザＳ００１ＲＦＴの２１５／45─20。
荒井　リヤ２４５／40─20です。
古屋編集長　タイヤほっそいですねえ。

福野　そこがカッコいいとこじゃないですか。トルク／重量比と転がり抵抗考えたら上限でもこんなとこですよ。いたずらに太くしてないのがアタマ良さそう。

荒井　ベンツとかでもみんなだんだん細くなってきてますもんね。タイヤ太いのって確かにいかにもアタマ悪そうです。トランクオープナーはないんですか。

古屋編集長　室内じゃないですか。

荒井　どこだろう。

古屋編集長　トランクオープナーってどっかにありますか。

BMW広報担当者　（黙って指差す）

荒井　あなんだ（ドアについていたスイッチを押してガラスのリヤゲートを開ける）。トランクの周囲もカーボン（ＣＦＲＰ）ですね。（トノカバーを開ける）これはエンジンは見れないんですか。

BMW広報　見れません。

福野　じゃあこのノブはなんですか。

BMW広報　メンテ用です。

福野　（愛想つかして）……じゃいきますか。こんなとこいるよりどっか明るい場所でゆっくり見ましょう。

　室内に乗り込むのはまさに西洋式バスタブに浸かる要領だ。高いサイドシルを大きく跨いで内部のバスタブの底に腰を下ろす感じ。座るとドラポジはいつものＢＭＷの通り瞬殺で決まった。フロアに対して低い姿勢だがハンドルもメーターもコントロール系も位置／角度はぴったり。視界も広く、とてつもないスタイルのクルマに乗っているという感じはまったくない。まるで3シリーズに座っているかのようだ。
広報のアホ、じゃなくて広報の方が注意することはなにもないというので、ドラポジを合わせてスタートボタンを押し通常のBMWと同様使いにくいセレクターをDにセット、アクセルを踏んでスタートする。無音で動き出したのは前輪のモーターで駆動しているからだ。
荒井 あ〜そっちじゃないです。こっちこっち。
福野 あそうか（突き当たりまで行ってUターンし、アクセルを踏み込んで出口にむかう）なんだこのハンドル、やったらめったら軽いな。
荒井 しかしなんかこう、かなーり不親切な感じでしたねえ。もしあんなセールスだったら誰もBMWなんて買わないでしょう。クルマを売る苦労を共有する立場の人間としては非常に不愉快です。アタマきました。
福野 伝統？
地下から都道405号・外堀通りに出てナビをセットする。ナビの使い勝手やソフトは通常のBMWとまったく同じ。iDriveも文字入力システムがついたハーマン／マニエッティ・マレリの新型汎用ユニットだ。
市街地をゆっくり走る。
荒井 本車はミッド搭載のエンジンとフロントのモーターを駆動に使うハイブリッド4駆で、前後輪は連結していません。いまはエンジンが始動していてエンジンで走っています。リヤからわずかにブルブルブルというような振動が伝わってはきてますが室内は非常に静かです。乗り心地もこうやって走っているとすごくいいです。

福野 なんか拍子抜けしますね。外観はもの凄いけど、こうやって走っている感じは3シリーズそのもの。というかハンドルなんか3シリーズより手応えがない。遊び感やコラムのガタつき感はゼロで操舵切り始めから応答感はきっちり出てるんだけど、操舵力そのものがBMWの乗用車の基準でもえらく軽いし、反力感がなくてインフォメーションが薄い。トヨタみたいなハンドルです。ペダルの踏力も軽いからバランスが悪いってわけではないけど。

荒井 i3みたくブレーキの回生の強さ感みたいなのはありますか。

福野 それはない。ブレーキは踏力とストロークの両方で制動力を制御できるいいタッチです。

宝町入り口から首都高速環状線に乗り、無数の橋の下をくぐりながら昔の川底を走る環状線外回りを銀座から汐留JCTを経て浜崎橋JCT方面へ抜ける。舗装が荒れて段差が多くμが低いという最悪の道路だ。

荒井 サスは結構硬いんですが、ホイルベースのちょうどの中央あたりに低く座っているせいで上下動がぜんぜん伝わってこないです。あとガツンという衝撃が入ったときも角が丸いですね。

福野 CFRP独特の一発減衰。ボディの共振周波数の高さゆえですね。あと取り付け部の局部剛性ものすごく高いんで、入力がはいったときサスがよく動いてダンパーが効いて上下動を速攻で減衰してるし、車高が低い割にはストロークがたっぷりあるのですぐに底つくような浅い感じもない。乗り心地は実に素晴らしいですね。この荒れた路面でも直進感はとてもいい。スポーツカーとしてはステアリングのインフォメーションが決定的に足りないけど、フロントの操舵応答感自体はいいから修正が一発できますね。日本最悪クラスのここの舗装（浜崎橋ＪＣＴ↓レインボーブリッジ分岐まで）でこれだけ方向安定性が乱れないのはサスストロークが短いスポーツカーとしては見事です。

レインボーを渡って湾岸線を南へ。

福野 モード切替はあるのかな。スイッチがない。

荒井 これですか（インパネ側のスイッチを操作すると「スポーツ」に切り替わって、ＴＦＴ表示式のメーターが真っ赤になる）

福野（アクセルを踏み込んだりパドルでＡＴを手動シフトしたり「スポーツ」と「コンフォート」を切り替えたりする）アイシンの6速横置きＡＴ。なんで8速積まなかったのか。

荒井 ミニもアクティブツアラーも6速だからじゃないですか（アクティブツアラー225i＝4駆のみアイシン横置き8速）。

福野「スポーツ」にするとすくなくともメーターの針の動きだけはチューニングされますね。だけど変速の架け替え速度はＺＦ8ＨＰ搭載車の場合の「コンフォート」モードの8掛けくらい。ベンツ7Ｇトロニックの「スポーツ」と「ノーマル」の間くらいかな。かなり変速速度トロいです。

荒井 エンジンはミニ・クーパー／アクティブツアラー218iと同じ1・5ℓ直列3気筒ターボですが、トルクは220Nmから320Nmへ、出力は136psから231psへとかなりアップされています。当然高回転化されていますから最大出力発生回転数は4400rpmから5800rpmへ上がり、最大トルクは1250～4300rpmのフラット特性だったのが3700rpmピークというややとんがった特性になっています。６速ATとともにFFレイアウトのままミドに横置きしてまして、各速ギヤ比もクーパー／２１８・iと同じです。

福野　ギヤ比同じ。ファイナルは。

荒井　ファイナルもミニと同じ３・６８３です。アクティブツアラーの場合は車重がミニより２００キロも重いので（１２６０→１４６０kg）ファイナルは３・９４４に下げてましたが。前軸直結のモーターですがトルクが０〜３７００rpmで最大２５０Nm、出力は３８００rpmで１３１PS。リチウムイオン電池は３５５V／20Ah／７・１kWhの小型のものをセンターコンソール内に搭載しててプラグイン充電もできます。国交省届出値ではハイブリッド燃費が19・４km／ℓ、プラグインレンジが40・７km、電費は６・15km／kWhです。

羽田空港の横を抜け浮島JCTからアクアラインのトンネルへ。アクセルを踏み込むとフォ〜という排気サウンドが室内に聞こえてくる。

福野　ははははは、またこれか。こればっかだな最近どいつもこいつも。

荒井　しかしこれまた群を抜いてわざとくさい「サウンド」ですね。レンジスポーツV８もフォードFタイプもそれなりあれでしたけど、さらにうそくさい。録音をホーンスピーカーで鳴らしてる感じです。

福野　いやこれまじで録音じゃない？

荒井　３気筒の回転感はどうですか。

福野　マウントも防振／防音も徹底してるからエンジン自体の存在感が非常に希薄。まあEV的にしたかったんでしょう。踏むと遠くからぶーんぶるぶるぶるって振動感が入ってくるけど、振動レベルそのものは低いです。

荒井 ロードノイズも風切り音も低いですね。

福野 （速度をいったんおとしてからアクセルを踏み込む）いま全開。

荒井 これで全開ですか。

福野 ３２０Nm＋モーターですが、モーターのトルクはバッテリー残量で決まるし、特性的に回転が上がっていくほどトルクが低下していくんで、高速ではデッドウエイト化していきますけどね。車重１・５トンくらいでしたっけ？

荒井 車検証記載値でぴたり１５００kg（前軸７３０kg／後軸７７０kg）です。重量配分は48・7：51・3です。

福野 １５００kgね。確かに３２０iくらいの加速ですな。

荒井 いくらなんでも「３２０iくらい」は言い過ぎです。「３２８iくらい」です（笑）。でもなんでこんな遅っぽく感じるんでしょうか。あまりに静かで乗り心地がいいからかなあ。

福野 （「スポーツ」にしてマニュアルで3速を選んで踏む）いやどう考えても実際遅い。それに328iは8HPの瞬間シフトがあるから、加速のつなぎ感やキックダウンの反応など含めて、こんなのよりはるかに気持ちいいですよ。こちらはうーんボッコーン、うーんボッコーンって加速にも変速にも切れ味っちゅうもんがまったくない。このパワートレーンはスポーツカーとしての魅力ゼロだな。ジャガーFタイプのパワートレーンが１００点ならこれは30点。いや肝心の低中速でのモーターエイドが半端で、高速域では完全にデッドウエイト化してるから20点だな。

海ほたるで小休止してから再度出発、アクアラインを渡り切って木更津ＪＣＴから館山自動車道へ。木更津南ＪＣＴの分岐を君津方面へ行き、高速を出る。国道18号、県道90号の工業団地を走ると20分ほどで富津岬の突端へ到着した。

東京湾に鋭くＶ字型に突き出した富津岬は、約６・５㎞離れた三浦半島の観音岬とともに東京湾に天然の防波堤を形成している。富津岬の両岸は荒い貝殻と火山灰がまじった暗いベージュ色の砂浜で、波がおだやかな内海側はウインドサーフィンやセーリングのメッカだ。

荒井　（ｉＰａｄを見ながら）ウィキペディアによりますと「富津の北側を流れる小糸川の土砂が内湾を時計回りする潮汐流の働きで砂州を形成し」「砂洲が成長した結果尖角岬を持つ富津洲が形成された」んだそうです。時計回りの潮流か。

「明治百年記念展望台」と名付けられたコンクリート製の展望台に登ってみた。

荒井　この階段きつい。きつい〜。

福野　（頂上に到着して）きょうは湿度が低いんでシーイング抜群だなあ。素晴らしい。

荒井　うわ〜これは凄いですね。あの煙突がひょっとしていつもの浦賀の発電所ですか。

福野　久里浜の東京電力の火力発電所ね。あっちが横須賀基地でしょ、その手前に猿島が見えてるね。

森口カメラマン　振り返ると自分らがいる半島そのものが見えるってのが凄いですね。

古屋編集長　あれが「第二海堡」なんですね。「ザ鉄腕ＤＡＳＨ」でやってました。

富津岬の突端から約１・５㎞ほどのところに浮かぶ小島「第１海堡」、約４㎞沖にある同じく「第

2海堡」、そして「第3海堡」は、明治政府が東京湾の浅瀬に構築した人口の要塞島だ。29年間の難工事をへて1921年にようやく完成したが、2年後の関東大震災で大きな損害を受けた。第二次大戦後は漁場、灯台島などとして利用されてきたが、海上交通の障害になるため「第3海堡」は2000年から2007年にかけて撤去工事が行われ消滅、残る2つも現在は一般の立ち入りが禁止されている。

古屋編集長　第2海堡って「蘇る金狼」の銃撃シーンのロケやったとこですよね。ラストシーンで優作が風吹ジュンとデートする煉瓦の塀がある森が出てきますが、あれも第2海堡なのかなあ。

福野　いやいやあれは猿島です。猿島はいまでも行けますよね。

荒井　猿島人気ですよねえ。

森口カメラマン　「ラピュタ」でしょう。

古屋編集長　ショッカーの基地も猿島にあるんですよね。

撮影をしていると観光にきた家族連れに妙な注目を浴びる。

お父さん　うわ〜凄いなあ。これ電気自動車？

荒井　いえあの、ハイブリッドです。プリウスと同じです。

お父さん　へ〜ハイブリッドだって。電気自動車だよ。凄いカッコだねえしかし。これは凄いもん見せてもらった。

森口カメラマン　ははは。やっぱガルウイングはウケますね。

古屋編集長　なんか今日はお二人あんま盛り上がってないですね。スーパーセブン乗ってたときは二人であんな嬉しそうな顔してたのに。

福野　見た目はカッコいいよね。

森口カメラマン　乗るとダメダメですか。

福野　まあ3シリーズみたいかな。

古屋編集長　それはないっしょ（笑）。

荒井　いやホントにそう。内装の感じも乗ってるとなんか3シリーズそのまんまって感じだし。

森口カメラマン　外からだと凄い注目度ですよ。僕的にはもうあきましたが。

荒井　確かに確かに（笑）。プロトの登場以来ボディカラーはこの黒＋ブルーのワンパターン、生産型も白、黒、シルバーの3色でみんなブルーとの2トーンなんでしょ。

森口カメラマン　このブルーがうざい。

福野　スタイリングとしてはここ10年のスポーツカーの中では独創性といいアイディアといいカラーグラフィックといい最高傑作だと思うけどね。ただなんか決まり過ぎちゃってて確かに「応用編はないの」と言いたくはなる。あと外装に比べてインテリアが平凡ですね。作りや仕上げはBMWの中では群を抜いていいけど、デザインはあまりにもコンサバ。スイッチ類なんかも基本的には従来BMW車となにも変わってない。2000万円のスーパーカー乗ってるって興奮はなし。「福野　なんか凄いところありますか」「BMW広報　ありません」みたいな。

荒井　はははは。まあ850万円とまでは言わないけど乗ってる感じは1250万円くらいではありますね。

福野　いやアクセル踏んだ感じは466万円ですよ（＝320iの価格）

福野の運転で来た道を戻る。

君津駅の周囲をさんざ走り回ってようやく一軒のラーメン屋を発見、ここでようやく昼食にありついた。

ここからは荒井さんの運転に変わって再出発、国道90号から県道87号へ。

脇道に入ると、陸上自衛隊木更津駐屯地の広大な滑走路が見えてきた。

旧海軍・鹿屋航空隊の基地として1936（昭和11）年に建設された飛行場で、メッサーシュミットMe262の技術を参考に海軍航空技術廠（空技廠）が設計、中島飛行機が試作製造した日本初のジェット戦闘機「橘花（きっか）」が1945（昭和20）年8月7日に初飛行を行ったのもここだった。戦後はアメリカの陸空軍に接収されてキサラズ・エアベースの名で使用され、ベトナム戦争当時は空母航空団の艦載機の整備が行われていた。

現在は陸上自衛隊のヘリ基地。第一ヘリコプター団のUH—60JA、OH—6D、第4対戦車ヘリコプター隊のAH—1S、OH—1が駐屯。VIP専用機EC—225LPシュペルピューマの運用もここで行われている。

福野　こんちは〜。

ダニエルさん　あ〜どうもどうも。

木更津にきたらここに立寄らないで帰るわけにはいかない。（有）国際自動車商会社長のダニエル・Y・ディヌーンさんだ。

福野　こちらスティックシフトの荒井さんです。

荒井　初めまして。先日はどうも電話で失礼しました。

ダニエルさん　どうぞよろしくお願いします。

福野　最近は。

ダニエルさん　13年ぶりにラスベガスのSEMAショー見てきました。というかSEMAショーと並行してやってるAAPEX（オートモーティブ・アフターマーケットプロダクツ・エクスポ）のほうを主体に見てきたんですけどね。

福野　収穫ありましたか。

ダニエルさん　捜していたのはテスター関係の情報だったんですが、日本にいてネットで収集していたのとそれほどの情報差はありませんでしたね。ただ「パススルー」関連ですね。アメリカでは最近、自動車メーカーのメインフレームに直接アクセスしてデータをダウンロードすることで汎用マルチプレクサを使ってコーディングとか出来るようにする「パススルー」っていうアクセス権を、お上の通達でメーカーが販売してるんです。

福野　つまり純正のマルチプレクサを使わないでファームアップやコーディングができるってことですか。

ダニエルさん　そうです。アメリカは独禁法が強いんで、民間から要求があるとメーカーも一般ディーラーにメインサーバへのアクセス権を与えないわけにはいかないんですね。そのあたりの詳しいインフォメーションが聞けたのが収穫でした。

福野　ATのほうはどうですか。最近の変速機も壊れてますか。

ダニエルさん　8HPはまだ話がないですが、7Gトロニックや6HPは10万キロくらいでちょくちょく出てます。異音とかはオイルポンプの問題が多いんでこれは直せるんですけど、バルブボディの破損とかだと部品が単品で出ない。いまのバルブボディはエレクトリックプレート（制御コンピュータにスピードセンサなどのセンサ類を搭載した電子基板のアメリカ式通称）を抱いてるんで、アッシーだと部品代だけで30万するし当然コーディングしないと使えません。さらにクラッチとかも含めて変速機全体のオーバーホールということになるとすごいお金がかかるんで現実的じゃなくなっちゃうんですね。エレクトリックプレートの故障の場合は海外から部品供給はあるんですが、この場合もコーディングは必須です。

福野　結局さっきのパススルーさせろっていう話に戻るということですね。

ダニエルさん　そういうことです。でも日本はメーカー法人が強いですからね。

福野　日本の独禁法は八幡製鐵と富士製鐵の合併以来有名無実化しちゃったからなあ。でもダニエルさんは凄いね。チャレンジしてる。

古屋編集長　なんの話だか皆目分からないですからね（笑）。

福野　お客さんに頼まれたカニ目（オースチン・ヒーレー・スプライト）のクラッチ修理だって、結局アメリカのネットフォーラムで情報収集して直しちゃったんでしょ。

ダニエルさん　あれはフォーラムじゃなくて、執念で夜な夜な検索してたらオーストラリアの部品屋のページを見つけて、それですぐ電話して聞いたんです。そしたらAN5／6／7でミッションが違うからクラッチも違うよって。

福野　マークⅠにマークⅡのミッションが乗ってたんでしたっけね。

古屋編集長　例え見つけても電話して聞けないし。

荒井　ほんとほんと。

しばし楽しい時間をすごしてから、おいとまする。

ダニエルさん　（走り出すi8を見送りながら）なんかプリウスみたいなクルマですね。

福野　お。

荒井　ひょっとしてずばり核心を突かれちゃいましたか。

福野　やられましたね。

荒井さんの運転でアクアラインを通って帰路へ。クルマの多い上りを流れに乗って走る。

荒井　でもって結局剥離はするんですか。

福野　いや〜、いくらリフっていったって34年たってるから、それなりに貫禄出ちゃってるんでねえ。

荒井　だってブラックライトで見たらサイドはオリジナルだったっていうんでしょ。

福野　だからまあいっぺんに剥離剤ぶっかけて丸々剥離なんてことは絶対しないですよ。とりあえずスイッチとポットのキャビティの内側ですね。ここ剥がしても外観には影響ないし、ともかくメイプルは裏から見えるでしょ。

荒井　あそうか。トップ剥がさなくてもキャビティの裏からメイプルは見えるんですね。

福野　そうそう。あら、録音入ったままだった。

荒井　（アクセルを踏み込む）

福野　まさかの全開？（笑）

荒井　いま一瞬そうでした。

福野　なんかこう、乗ってて存在を完全に忘れるクルマですね。ふーっと別のこと考えちゃう。

荒井　ははははは。荒井もそういう感じです。のっている間常にクルマの存在をびしびし感じるのがスーパーカーってもんですが、このクルマはまったく真逆です。存在感ゼロ。

福野　なんか「i」コンセプトってモーターショーでカッコ眺めてたときはわくわくしたけど、いざ出てみたら「オレらサステイナブルにめっさ気ぃ使ってマジにやってます」「ハイテクもうあれこれめいっぱい頑張りやした」「ケナフなんかも使ってますエコですえらい？」「オレって最新カッコいい？」みたいな、いかにもいまのメルケルドイツのこれ見よがしのいい子ぶりっこ環境アピールうざったさ、これがなんとも鼻につくいやーなブランドですね。別にBMWだけがやってることじゃねえだろそんなもんっての。それに言ってることはもっともらしいけど「i3」も「i8」もようするにどこでも手に入るありもんの「ハイテク」をただ並べただけのショーケースみたいなクルマで、クルマ技術としての真の先進的思想、乗用車やスポーツカーとしての夢の追求やスピリット、こういうクルマが作りたいんだという技術者の魂、骨のあるドグマと主張、そういうものがまったく感じられないんだよね。ただひたすらちゃらちゃらと空虚なんですよ。広告代理店がつくったクルマみたい。コマーシャルだけ3時間分集めた映画見せられてるみたい。作ってる奴らの中身のなさがそのままクルマになって具現化した感じ。

荒井　ははははは。確かに映像やＣＧは凄いけどストーリーや感動はまったくない映画みたいではありますね。

福野　デザイナーが作るとまさにこういうクルマになるかも。デザイナーっていうかあの連中の実態はスタイリストだけど、スタイリスト集めて開発チーム作って、スタイリストをチーフエンジニアに据えて、スタイリストにブランド企画とクルマ作りを自由にさせたら、なんか意味不明の会話しながらこういう骨も思想も希望もない、ちゃらちゃらとかっこばっかのクルマを作るんじゃないかな。いまどき誰だって作ってるＣＦＲＰシャシに誰でもできるシリーズハイブリッド、まったく捉えどころのないパワートレーンにねむいＡＴ。パンチもガッツもないし、洗練度だってびっくりするほどのこともない。このクルマで唯一パンチがあるのは「こんなもんが２０００万もする」っていう、その事実だけ。

荒井　まあ乗り心地いいし、直進性いいし、乗り味いいし、静粛性も完璧だし、福野さん今日はちょっとけなし過ぎだと思いますが。

福野　くそ重いモーター＋バッテリーなんかいらんから、３２０ｄ用のあの超素晴らしい２ℓディーゼルターボ＋８速ＡＴを縦置きミッド搭載して車重必死で削って１２５０kgにしてくれたほうがぜんぜん嬉しい。そっちのほうが実際問題もっと省資源／省エネでしょ。レアメタル使わなくていいんだからさ。

荒井　モーターとバッテリーすてて普通のミッド2駆にしてくれると少なくともフロントに荷物は積めますね。「フロントボンネット開きません」なんてシャレにもなってない（ｉ８のフロントボンネットはモーター整備用で整備工場でないと開けられない)。ただまあさっきのお父さんみたく社会一般にはカッコだけには驚いてもらえるのかなあとは思いますが。

福野　一目見て「これって電気自動車?」って言ってたもんね。カッコのアピールだけはうまいってことだな。トヨタMIRAI一目見たって「これ新型のフィットですか?」ってくらいのもんでしょ(笑)。

荒井　荒井は「i3」はそれなりに結構いいと思いました。

福野　あんなもんがいいんですか。リヤシート狭過ぎだし、多用したケナフは髪の毛集めて作ったみたいだし、樹脂部品のシボ品質もひどい。よかったのはオプションの加飾パネルの杢目だけ。かっこだけでしょあんなの。でもこのクルマ、ステアリングはなかなかいい。これだけは褒められる。

荒井　この軽い操舵感がですかあ。そうかなあ。荒井はもっと……。

福野　いやいやステアリングホイールよステアリングホイール。ハンドルそのもの。径とグリップの太さ、グリップの硬さがとてもいい。

荒井　ははははは。2000万のクルマ借りて乗ってステアリングホイールだけ絶賛。

福野　いや真面目ですよ。3/4シリーズのMスポのハンドルってグリップぐにょぐにょで握ってるだけで気色悪いじゃないですか。このハンドルはグリップがしっかり硬くて引き締まってる。これは本物のスポーツカーのステアリングです。パドルも使いやすい。1/2/3/4シリーズのオーナーにお薦めだけど、実際つくのかな。

荒井　例えついてもコーディングしないとダメなんで。

福野　あそうか。じゃダメだな。終了。
どこを走っても注目の的だったi8。電気自動車っぽいと世間の視線もスーパーカーと違って心なしか温ったかい。そこだけがまあこのクルマの取り柄か。

2014年12月3日（「ル・ボラン」連載「比較三原則」）

ミニ・クーパー（5ドア）対ミニ・クーパーSD クロスオーバー

蓋を開けてみれば、「BMW初のFF車」は単なるベンツBクラス対抗商品だった。次期1シリーズがどういうクルマになるのか推して知るべしだ。

対するダイムラーも中国などにおける海外生産を拡大するとともに2020年までになんとラインアップに30車型を追加すると公表している。

高度経済成長のあの時代、500万台の需要を取り合って日本に自動車メーカー9社がひしめきあい、いつ果てとない開発販売総力戦を繰り広げたあの時代の日本を思わせる世界自動車戦争の様相である。

相手が持っているタマはこちらも全部そろえ、相手の持っていないタマを次々に投入し、つかんだ客は絶対逃がさない。これが過当競争という商品戦争の常套手段だ。競争激化すれば見栄え品質や信頼性は向上、車種とスタイリングとバリエーションの選択肢が増えて値段は下がるが、反面1台1台のクルマに込められたり感じたりする意味、価値感、存在感は、車種数の増加にともなって低下する。当たり前だ。

総力戦で「クルマ」は「タマ」に変わっていくのである。

ミニにいま起きていることもそれだ。

そもそもの出発点が往年の名車のオマージュを香らせるリ・クリエイションという企画なのだから、オリジナルをリスペクトするならオリジナルに存在しないバリエーションは作りにくい。販売戦略上どうしても4ドアが必要だったとき、ＢＭＷミニはカントリーマンを持ち出して目立たぬようリヤドアをつけるという妙案をひねり出した。あのころはまだハートがあった。

クロスオーバーを企画したときＢＭＷミニは第2ステージに踏み出た。ミニという存在を図々しくも大胆に拡大解釈することによって、クロスオーバーは競争力のある4ドアボディとＳＵＶと４ＷＤを同時に手中にしようとした。

失ったのは愛嬌である。

次がクロスオーバーの3ドア。

そしてサルーンの5ドア化がくる。なぜまず手始めにこれをやらなかったのかと思うくらいＦＦミニの5ドア化ボディには違和感がないのだが、秘密は3代目のプロポーションである。

5ドアＦ55モデルはホイルベースを70㎜伸ばして4ドア化しているが、ホイルベース２５６５㎜というのは2代目ベースのクラブマンより20㎜長い。にもかかわらずダックスフンドに見えないのはフロントとリヤを巨大化しているからだ。

3代目3ドアF56はホイルベースこそたった30㎜伸ばしたに過ぎなかったが、フロントのオーバーハングは約60㎜も拡大、ボンネット高をおよそ30㎜高くして衝突安全／歩行者保護の規制強化や次世代アセスメント基準に備えた。前後オーバーハングを限界まで切り詰めることで独特のシルエットを出してきたミニ一族のプロポーションはこのフロント巨大化によって大きくくずれ、3代目の3ドアモデルはやたらロングノーズ化した。

5ドアはホイルベース延長だけでなくリヤのオーバーハングもまた95㎜も伸ばすことによって荷室容積を大幅に拡大、これによってプロポーションのバランスを回復したのである。ただしクルマはデカくなった。「ミニ」はもう形容詞ではない。ただの固有名詞だ。

ミニ5ドアのシルエットとサイズは当然のことながらクロスオーバーのバランスと近似している。違いはルーフの高さだけだ。

「5ドアが出たらただでさえ売れてなかったクロスオーバーがますます売れなくなった」

セールスの人はそう言っていた。

試乗車のクロスオーバーはクーパーSD。

タイヤは19万円オプションの225／45─18（GYエフィシェントグリップ／ランフラット）だが、前席の乗り心地は非常にフラットで微振動がなく、ロードノイズも低く、良路では大変良かった。ただし段差等での突き上げはやや強いので、急変ぶりにびっくりする。

後席は当然かなり乗り心地が落ち、スピードを出すと振り回される感も強くなるが不快なほどではない。静粛性や剛性感は申し分ない。

一方ミニ5ドアの試乗車は3気筒のクーパー。

こちらも205／45—17のオプションタイヤ（DNLOPスポーツMAXXランフラ）。前席乗り心地は3ドアよりは良くなっているが、クロスオーバーに比べると良路でも微振動が多い。前席では非常に低いロードノイズが後席ではえらあく気になる。上下左右に激しく揺すられる乗り心地は3ドアほどひどくはないものの長時間はとても乗っていられない。ここがクロスオーバーとの大きな差である。

後席というのは本当に乗ってみないと分からない。

大抵の場合、後席のNVは前席とまったくの別世界である。何度でも書くが、購入の際は必ず後席試乗を体験すべきだ。そうすれば選ぶクルマは変わってくるし後席に誰かが乗っているときの運転の気遣いがまったく違ってくる。

ようやく国内投入したディーゼルターボ。SDは305Nm／143PSで、車検証記載値1450kg（前870／後580）という超重い車重に対しても充分な牽引力を発揮するが、同じN47系列の320d／523dのあの目の覚めるようなトルクフルな走りっぷりに遠くおよばない。パワーウエイトレシオの差だけでなく、6速なので変速ステップ比が大きく、トルクゾーンからはみ出て広い回転域を駆使せざるを得ないからだ。ステアリングパドルで瞬時にマニュアルセレクトできるのだけが若干救いだが。

一方いまや i8にまで積んでいるBMWの新しいモジュラーユニットのB型1・5ℓ3気筒ガソリ

ンターボ＋6速ATはどのクルマで乗っても失望的な出来だ。ミニに積むとディーゼルのような振動が入ってくるし、回せば回したで回転フィーリングが荒い。1気筒500cc＋ターボというスペックに期待するトルク感も高めのギヤリングと大きなステップ比でかなり相殺されてしまう。こちらはパドルもない。いいと思ったことがほとんどないダイムラー270型横置1・6ℓターボ＋7速DCTのほうが静かでスムーズなだけ、幾分ましなくらいだ。

現状でF55／56を買うなら、4気筒（クーパーS）以外にない。ディーゼルも3気筒も、8速ATを積むまでは待ちだ。いまABCセグFF車全車に欲しいのは、車種バリではなくリヤドアでもなく、優秀な多段ATである。

点数表

基準車＝点数表

基準車＝クロスオーバーを各項目100点としたときのミニ5ドアの相対評価

＊評価は独善的私見である

＊採点は5点単位である

エクステリア	
パッケージ（居住性／積載性パッケージ）	105
品質感（成形、建て付け、塗装、樹脂部品など）	100

インテリア前席	
居住感（ドラポジ、スペース、視界などの総合所見）	90
品質感（デザインと生産技術の総合所見）	130
シーティング（シートの座り心地など）	90
コントロール（使い勝手、操作性など）	90
乗り心地（振動、騒音、安定感など）	75

インテリア後席	
居住感（着座姿勢、スペース、視界などの総合所見）	90
乗り心地（振動、騒音、安定感など）	65
荷室（容積、使い勝手など）	90

運転走行性能	
駆動系の印象（変速、騒音・振動、フィーリングなど）	100
ハンドリング①（操安性、リニアリティ、接地感、奥行）	105

ハンドリング②（駐車性、取り回し、市街地など）	115
剛性感	100

総評

エンジンの条件が大きく違ったので採点からは除外した。新型ミニにとっては厳しい評価になったが、それだけクロスオーバーの印象がよかったということだ。ミニの3ドアと5ドアの比較なら5ドアのほうがバランスが高いとはいえる。

2014年12月12日（「カーグラフィック」連載「クルマはかくして作られる」）

排気系システムの設計と生産

排気系といえば、社外品に交換することしか思いつかないような低空飛行のメンタリティも昔は大手を振っていたものだが、そういう時代も終わった。

現代の排気システムは、シミュレーションによる解析技術を駆使し、パワートレーン、車体構造、サスペンションレイアウトなどと密接に関係し合いながらレイアウトされ、低温時も含めて排気ガス浄化性能を発揮するとともに、排圧を低減してエンジンの性能を引き出し、低周波や高周波など広い周波数帯域の排気音を静粛化（「消音」）し、排気系起因の騒音の発生も低く抑えつつ、排気音の音色をチューニング、床下の空力性能までを考えて設計・製造されるという高度な自動車部品である。

レクサスＬＳ用のデュアルマフラーは、高級車に要求される高性能と静粛性の両立最適化をめざした設計で、ヨーロッパの高級車に負けない独自の設計を持っている。

フタバ産業株式会社・田原工場を取材した。

１９４４（昭和19）年、軍用機を製造していた三菱重工株式会社・名古屋航空機製作所（現・同社名古屋航空宇宙システム製作所）に溶接機械を納めていた東京の電元社製作所は、空襲による被害を緩和するための疎開生産の方針に応じて岡崎市に協力工場を建設、得意の溶接技術を駆使して航空機の部品製造・納入を開始した。

電元社で製造していたのは航続距離の長さが評価されて大戦末期に活躍した陸軍のキ－67四式爆撃機「飛竜」のバードケージ式の機首天蓋枠、そして尾翼の一部だったという。新幹線０系の設計に関わった名城大学の小沢久之丞教授（のち同校学長）は当時この飛竜の開発に関与しており、同機などの航空機の設計思想を新幹線の車両設計や車両の空力設計に活用したといわれている。

電元社製作所の技術者数名と、日本の溶接学会の重鎮だった三菱名古屋航空機の中村孝が戦後まもない１９４５年11月に起業・設立したのがフタバ産業株式会社である。

当初は進駐軍住宅向けのパイプ脚のソファなどの応接セットや漁網を作る製網（せいもう）機などを生産していたが、１９４７年に新三菱重工業株式会社（現・三菱自動車株式会社）との取引から自動車部品の分野に参入した。現在の主力製品である排気装置の製造は、１９５９（昭和34）年にトヨタ自動車工業から受注したのが発端だったという。

同社田原工場はレクサス各車を生産しているトヨタ自動車・田原工場に隣接した立地で、レクサス車などの排気システムを始め、インパネリーンフォースメント、カウルトップやピラーなどのボディ構成部品、サスペンション部品などを製造・納入している。エキゾーストマニホールドや排気パイプなどに使用する電縫管の造管設備も備えているのが同工場の特徴だ。

なお同社はレクサス車用などのエギゾーストマニホールドも生産・納入している（幸田工場）が、

今回は田原工場のエキマニ以降の排気システムにテーマを絞った。

排気系の設計

一般的には「マフラー」と呼ばれることが多い排気システムの主要な役目は、「排気」「消音」「排気ガス浄化」である。

排気系設計の前提となるのは各国排気ガス規制への対応だ。エンジンとその仕様によって触媒コンバーターの種類、容量、個数がおのずと決まってくる。

排気浄化性能を確保したうえで排気抵抗をなるべく軽減しエンジンからより高いトルクと出力を引き出す設計を行うが、一般に排気抵抗と騒音は背反関係にある。例えば排気管の管径を太くすれば通気抵抗自体は低減するものの、単に管径を太くするだけではこもり音などが大きくなる。

排気系からの騒音は吐出音と表面放射音に分けられる。

吐出音の主体はエンジンからの脈動圧力波で、1秒間当たりの爆発回数でその周波数が決まる。

エンジンの1秒間当たりの爆発回数＝回転数÷60×気筒数÷2

すなわち3000rpmで回転しているときの1次排気音は4気筒で100Hz、6気筒で150Hz、8気筒では200Hzだ。これらは車内の排気こもり音になりやすい。

またマフラーや触媒間を繋ぐ排気パイプ内で生じる気柱共鳴音や、高速度のガスが排気パイプやマフラーの内部を通過することによって生じる気流音なども排気系吐出音に分類できる。

一方表面放射音はパイプやマフラーを透過して外部に出る透過音、排気脈動によってパイプやマフラーが振動して生じる振動放射音などである。

これらいろいろな周波数の騒音を低下するのがマフラーの機能だ。排気システムの世界では伝統的に「消音」と呼ぶ。

おもな消音原理は①拡張、②共鳴、③吸音である。

マフラーの中に排気パイプを引き込んで短く切り落としておくと、排気流れの断面積が急激に拡大するため、音のエネルギー（空気の振動）が拡散し、マフラーの壁面に反射・吸収されることで減衰、消音できる。これが「拡張」である。比較的広い周波数帯域を減衰できるので、マフラー内部で何度か反復して行う場合もある。

「共鳴」はヘルムホルツ共鳴を利用した消音方法で、マフラー内の空間（共鳴室）に排気パイプを接続・開放し、音波をパイプと室内で行き来させることで、その摩擦抵抗によって振動エネルギーを減損させる理屈である。エネルギーの大きい２００Hz以下の低周波をねらったピンポイントの消音チューニングが可能だが、共鳴室そのものは排気の流れに対してデッドエンドになる。また特定周波数帯域以外での消音効果はほとんど期待できない。そこでマフラー内部に開閉式バルブを設け、拡張室↕共鳴室の機能を切り替え、低速では低周波数帯域低減、中高速では中高周波数帯域低減とマフラーの消音機能を使い分ける場合もある。

「吸音」はマフラー内部にガラスウールなどの吸音材を入れ、細かい繊維を振動させることで音の振動エネルギーを熱エネルギーに変えて減衰する方法である。中・高周波数に効果があるが、エネルギーの大きい低周波は低減できない。

この他マフラー内部に小穴を開けた仕切り板（セパレーター）を設け、その小穴に排気ガスを通すことで絞り効果や整流効果によって高周波音を低減する方法も使われている。

他の条件一定ならマフラーの容量（容積ℓ）が大きくなるほど排気音の消音性能は向上し排気抵抗も低減できるが、室内や荷室との兼ね合いで床下スペースには制約がある。また高速燃費に寄与する車両床下の空気抵抗低減も排気系設計の要求項目になっているため、いたずらにマフラー容量を大きくすることはできない。

排気系はエンジンに直接連結されているから、エンジンの振動を弾衝するためにサポートゴムを介して車体から懸架している。ただし排気システムの固有振動数がボディに伝わって共振すると共振こもり音が生じるため、排気系の各部にゴム製のダイナミックダンパー（重り）をつけ、共振周波数を下げ共振点をずらす対策を行うのが普通だ。

パイプとマフラーの接続部が球面になっている球面フランジを採用したり、表面が波板状になったフレキシブルパイプをパイプの途中に挿入したりするのもエンジンの振動を遮断するための設計である。

エンジンの排気熱は８００～８５０℃という高温である。

排気システムがそれに耐える耐熱性を備えていなければならないのはもちろんだが、冷えきった排気管にいきなり高温のガスが流れ込んだり高速走行風で下面部が急冷されたりすることによって生じる熱応力に対しても充分に耐えられる設計でなければいけない。

排気系の熱膨張／収縮などによって排気系から異音が生じる場合がある。この対策のため排気系のどこかにメッシュ式のパイプ構造を設け、膨張を吸収して異音発生を防ぐ構造も採用している。

排気系が鋼製だった旧車時代は、高熱や排気ガスから生じる水分で酸化が進行し排気系がボロボロに腐って排気洩れを生じることがよくあった。現在の排気システムはボルトなどの締結部などの一部を除くと主要部はＳＵＳ製。腐食の心配はほとんどなくなった。

レクサスＬＳ用ではパイプ、マフラー外装部にフェライト系のＳＵＳ４３９（一般にＣｒ16・０～19・０％のＦｅ―Ｃｒ系）、内部には同じくフェライト４３６などを使用している。

低温始動時の排気ガス浄化性能を保証するため触媒をなるべくエンジン近くに配置し、排気管を二重管にしたりして排気熱低下を防ぐ設計が普通だが、消音性能に関しては排気音度を下げるほど音は静かになる。排気温度を２００℃下げると騒音は５～６dB低減するという。

したがって触媒下流では肉厚のパイプを使って排気温度を低下させたいのだが、これは質量と背反する。軽量化は排気系にとっても要求が厳しい。

ヨーロッパ車ではせまい床下空間で容量を確保しやすく、コストが安く、空気抵抗も低いクラムシェル型マフラーが多く採用されているが、上下のプレス部品を合わせて溶接するもなか式構造なので周囲にフランジが生じて容積／重量比では不利である。また平面部からの放射音も大きくなりやすい。

フタバ産業が開発しレクサスＬＳ用に採用したレーザー溶接マフラーは、プレス整形したアウタープレートと二重巻き構造の外筒をなめらかに接合した形状で、排圧、容積／重量比、空力、放射音の特性などに優れている。

設計にあたってはＣＡＴＩＡで作成したモデルを作成、各種ツールを駆使して構造解析、熱応力／共振強度解析、音響解析、流体解析、出力解析などをおこなって、その評価を各部設計形状のチューニングなどにフィードバックしている。

同社・幸田工場（愛知県額田郡幸田町）では、エンジンベンチ＋無響室、シャシダイナモ＋無響室などを使った吐出音や放射音の測定と音色・音質の評価、エンジンベンチやバーナー試験機によるサーマルサイクル、サーマルショック、熱膨張などに対する強度試験、多軸加振機を使って悪路走行時の振動を模擬した悪路耐久試験など、各種試験および評価を行っていた。

2014年12月21日(「特選外車情報エフロード」連載「晴れた日にはクルマに乗ろう」)

BMW 218i+トヨタMIRAI アクティブツアラー試乗&トヨタMIRAIちょい乗り体験

2014年12月16日(火)。

北海道、東北、北陸、山陰地方など、広い範囲で夜半から大荒れの天気になったこの朝、関東地方は肌寒い曇天である。

スケジュールの関係で2時間遅い午前8時に集合したので、早めの出勤をしてきた人々がすでにまばらな流れを作り始めている。いつもの早朝のようにオフィスビルのエントランスを借りてクルマの細部チェックをするわけにはいかないので、皇居・乾門の脇から日本武道館や科学技術館のある北の丸公園に入り、そこの駐車場でインテリアの撮影をすることにした。

荒井 じゃこっから録音しときます。はい、え~みなさんおはようございます。先月のi8に続いて、今月はBMW初のフロント横置エンジン車「アクティブツアラー」を同じくBMWジャパンから借用してきました。車種はFFの218iです。パワートレーンはミニ・クーパーや先月のi8と同じ3気筒のB38A15A型1・5ターボ+アイシンAW製6速トルコンATです(i8用は「B38K15A型」)。

Ｆ22の２３５ｉが出たときから、２シリーズというのは４シリーズみたく１シリーズのクーペ版の車名と思い込んでたんで、なんでＢＭＷ初のＦＦ車が２１８ｉ／２２５ｉって車名なのか、かなり混乱しました。出てみたらガチでＢクラスのライバル車ってことでしたが、何にしても車名の件はまだナゾ。

森口カメラマン　（カメラを持ってドアを開け撮影する）Ｂクラスと比べると内外装の感じが断然高級ですよね。ていうか３シリーズあたりよりも高級感あるって感じじゃないですか。リヤとかすごい天井高くて広いし。これは一目見ていいクルマだなあ。

古屋編集長　５シリーズかってくらいの内装です。

荒井　まあでもカタログもらいに行ったときショールームで内装黒ファブリックのスタンダード仕様を見たら普通のＢＭＷって感じでしたけどね。Ｘ１とかＸ３と大差ない雰囲気で「ふうーん」って。だから荒井も今日この試乗車見てちょっとびっくりしました。

古屋編集長　レザーシートとかウッドパネルとか、いつものようにオプション満載が効いてるんですかねえ。

荒井　今日の試乗車はスタンダード（３３２万円）より41万円高い「ラグジュリー（３８１万円）」ですが、ダコタレザー＋シートヒーター、電動シートなどは標準装備なんですね。ウッドトリムだけ３万円のオプション。（広報車の仕様書を見ながら）この個体自体はレーダークルコンとＨＵＤなどの安全パッケージ13万円、サーボトロニック式ＥＰＳとかオートテールゲートその他セットのコンフォートパッケージ14万４０００円、17インチ（２０５／55―17）９万２０００円などなど、81万３０

00円分のオプションを積んで総額462万3000円という、いつもの通り「通常絶対あり得ない仕様」になってますが、内外装の見た目に関係するのはこの中でウッドパネルだけです。つまり「ラグジュリー」選んでウッドパネルつける（＝385万円）なら、いま見てるこういうインテリアになるってことです。やっぱ明るい内装色は高級感のひとつのポイントなんでしょうね。

撮影が終わって出発。乾門前の北の丸ICから首都高速環状線内回りに乗り、レインボーブリッジ経由で湾岸線方面へ向かう。

荒井　静かで快適なクルマですねえ。ちょっと予想外。値段もサイズもBクラスのライバルなんだから考えてみたらこれくらい静かで乗り心地がよくて当たり前なんですけど、なんかついミニと比べちゃうんで。ミニに積んでるとこの3気筒ってなんかまるでディーゼルみたいだったじゃないですか。アイドリングも吹かしたときの高回転の振動感も。

福野　ミニはBセグ、これはCセグ。ミニ3ドアよりおおかた300kgも重い。当然乗り心地はどっしりするし静かにもなるでしょう。技術が同じならクルマが重いほどNVだけは有利なんで。

荒井　（車検証を出す）えー試乗車は1490kgもあります。ゴルフ1・4より170kgも重い。前後860／630kg。ちなみにミニは3ドア1170kg、5ドア1260kgです。エンジンの仕様は220Nm／1250～4300rpmでミニとまったく同じですから、トルク重量比はミニ3ドアの5・32、5ドアの5・73に比べるとカタログ重量の場合（1460kg）でも6・64しかありません。ゴルフ1・4は5・28です。

福野　（アクセルを踏み込んで加速する）しかしあんまり非力さは気にならない。

荒井　えーとアイシンAW6速ATのギヤ比は確かミニより低くなっているはずです（メモを見て）。実はミニ／i8／アクティブツアラーで各速変速比はなんと共通、本車だけファイナルを3・683から3・944に下げています。

福野　茫洋とした加速感でトルク感もパンチもないですが、かといってA／Bクラスみたいにいらつくようにトロいとか鈍いとか遅いって感じもあんまないのは過渡のスロットル特性とATの制御がいいからでしょうが、なんというかこのクルマもi8同様パワートレーンの存在感というものがほとんどない。このクラスとしてはパワートレーンからの騒音・振動は異例に低いです。パワートレーン関係の防振防音を徹底的にやった結果でしょうが、クルマ全体からするとエンジンの防音度合いが飛び抜けてる。走ってる実感はあるのに、パワートレーンが回ってる実感がない。こうまでエンジンの存在感が希薄だと3気筒のデメリットを感じないのはもちろん、レスポンスやトルク感さえ気にならなくなってくる。

荒井　確かにエンジン音はほとんどしないです。

福野　まあでもBMWのこの新しいモジュラーコンセプトのB型3気筒には失望しましたね。ミニ3ドアのときはクルマも軽いし充分トルクフルに感じたけど、クルマが重くなるにつれてどんどんボロが出てきた。1気筒500ccもあるくせに本当にパンチないし、回転感も音ももろに3気筒。出来の悪いベンツの横置1・6ターボとはまあいい勝負かもしらんけど、VWの1・4ターボ／1・2ターボのこと考えたらまったくかなわない。

荒井　確かに確かに。VWの1・4ターボは力強いし、回転感もいいですからねえ（→ゴルフ1・4

オーナー）。

福野　ある意味もっと驚異的なのはプジョーの3気筒1・2ターボですね。208や2008に積んだNA版はアップの1ℓNA3発や500のツインエアとどっこいかと思ったけど、308に積んだターボ版乗って驚いた（230Nm／1750rpm）。車重が同じ1320kgのゴルフ1・4（250Nm）と乗り比べても、6速ATにもかかららず低中速域ハーフスロットルからの加速レスポンスや伸び、ドライバビリティの良さでは負けてない。ああいう目の覚めるような出来のニューエンジンから比べるとBMWの3気筒にはなんも驚くとこがない。ゼロ。

荒井　308も内外装見てすごくいいなあと思ってました。値段もベースで279万円ですからゴルフ真っ向対決。

福野　フラットで硬質な乗り味も悪くなかったですね308は。ゴルフ1・4ってアシがソフト気味で、ステア感覚もかなりマイルド、中低速でも路面のうねりにあおられるようなところがあるけど、308は全般にアシも操舵もびしっと締まってます。突き上げ時のボディの剛性感とかいなし感、微振動の遮断なんかはゴルフに負けてるが、挙動も乗り味も軽快で爽やかなんで不快感がない。308はいい出来ですよ。ドラポジは208同様壊滅的だけど。

大黒PAの先の分岐を本牧方面に出て、本牧ICで下りる。

かつては米軍の一大住宅地が存在し独特の雰囲気を醸し出していた本牧は、1982年に返還されて以降の再開発でバブルの波に乗り高級ニュータウンとして90年代初頭に一世を風靡した場所だ。

荒井　よくここに遊びにきました。

福野　米軍時代？

荒井　いえいえもちろんバブル時代です。

根岸不動下の交差点を右折し、根岸旭台の丘に登る。歌で有名なレストラン「ドルフィン」はいまも健在だ。坂を上ったところが日米共同運営で有名な「ファイアーステーションＮｏ．５」（英語表記の消防署）。

ここに競馬場が出来たのは江戸幕末の１８６６（慶応二）年だったらしい。明治時代には「エンペラーズカップ」、つまり現在の天皇賞や、さつき賞のレースが行われた名門だったが、戦時中の１９４３年に帝国海軍に売却され、戦後そのまま米海軍が接収した。

かつてはここもまた旧競馬場を含む一帯が米海軍（第7艦隊）の住宅だったが、69年に競馬場内側の公園部分全体などが返還され、根岸競馬記念公苑になった。現在米軍住宅が残っているのは公園の北西の山の上だけ。ここも数年内に返還されることに決まっている。

競馬公園の東側、山元町４丁目の交差点に回って丘を登ると米軍のゲートがある。

福野　あれ。ここのゲートが閉じてるのは初めてだな。この坂もつい最近までオフリミッツ（侵入禁止）だったのに。へんですね。

荒井　駐車禁止の舗道のペンキが黄色ですもんね。アメリカみたい。

古屋編集長　人気がまったくないです。誰もいない。ゴーストタウンのようです。

福野　ここまで来たし、新磯子の埠頭に行って見ますか。

荒井　あ〜。凄い凄い。

福野　公試に出るとこだな。

横須賀街道・八幡橋交差点を左折して湾岸線の下を潜り、新磯子町のコンビナートに真っすぐ入っていくと、ＪＸエナジーの根岸製油所が眼前に広がる岸壁に出る。新磯子の広大な埋め立て地には東京電力・南横浜火力発電所と電源開発・磯子発電所があるが、つり人のために道路通行が開放されているので、突堤の先端までクルマで入って行ける。

磯子海つり場の斜め正面が、海上自衛隊の護衛艦を建造しているジャパンマリンユナイテッド（ＪＭＵ）磯子工場だ。ＩＨＩＭＵ（石川島播磨重工業＋住友重機械工業）とユニバーサル造船（日本鋼管＋日立造船）が合併して誕生した造船会社である。

古屋編集長　タグボートで押してます。あんなことするんですね。

荒井　でかいなあ。

ＤＤＨ―１８３「いずも」は２０１３年８月に進水、竣工にむけて海上公試中の海上自衛隊の最新鋭ヘリコプター搭載型護衛艦だ。満載排水量２万７０００ｔ、全長２４８ｍ。全通甲板ヘリ母艦としては世界でも大柄な部類に属するが、輸送艦、補給艦、病院船などの機能を併せ持つためで、災害派遣の際などは洋上の支援基地、一時避難施設として活用出来るように工夫されている。

森口カメラマン　最近の自衛艦（護衛艦）ってアメリカの軍艦より数段カッコいいなあ。

荒井　これってやっぱりステルスとかですか。

福野　そうです。デザイナーがデザインしてない機械はやっぱカッコいいね。ちなみにこの火力発電所もこの製油所もデザイナーがデザインしたんじゃない。建築物も橋梁も都市景観もステルス戦闘機も戦車もロケットも6眼暗視ゴグルも、世の中のカッコいい機械の99・9％はデザイナーがデザインしたものじゃない。エンジニアがデザインしたものです。クルマと家電がこんなに醜いのはデザイナーがデザインしてるから。

古屋編集長　あれって戦闘機は積めないんですよね。

福野　オスプレイの運用は考慮してるでしょう。

古屋編集長　F35の垂直離着陸型なら搭載できるとかってどっかに書いてありましたが。

福野　物理的にできるっていうのと、実際に兵器として運用することでは話が根本的に別ですからね。海上自衛隊がこれからパイロット養成してジェット機保有してって、それはちょっと考えられない。まあそういうことも全部承知の上でこれを「空母だ」と決めつけて自国の軍備増強の恰好の口実に利用する国家はいるでしょう。軍備っていうのはそういうものですからね。みんな新しいおもちゃ買って欲しくて必死だから（2018年末、政府は「いずも」と同型艦「かが」の2隻をF35Bが離着艦できる空母に改造する方針を閣議決定した。防衛省によれば航空機の運用は航空自衛隊が行い、艦への常時搭載はしないという）。

荒井さんの運転で東京に戻る。福野は後席へ。

福野　後席は明るいし広いしパッケージは申し分ないけど、乗り心地は並。当たりが硬いし、微振動も多い。ゴルフはリヤ乗り心地いいからねえ。308も良路では後席乗り味よかったですよ。

荒井　確かにこのエンジンは存在感ないですね。遅くもないけどトルク感もない。ただステアリングがいいです。

福野　運転しててイヤな感じがまったくしないのはステアリングですね。操舵力がしっかり重めで、センターから反力感がしっかりビルドアップして、FFらしい手応えがある。空気みたいな乗り味のクルマだけど、ボディのしっかり感と操舵の頼もしさだけはありますね。この操舵感だけでクルマを運転する楽しさ、操る面白さが一気に出ている感じはする。

荒井　制限速度でこうやって首都高走っていても、ちゃんと運転の楽しさを感じます。視界はいいし、内装ひろいし明るいし、操舵感がしっかりしてて走ってる実感あります。普通ここまで居住性に気を使って乗り心地よくしてエンジンや変速機の存在感なくしたら、ハンドルだって軽くして運転の存在感自体をなくしちゃいますが、そこがさすがビーエムですね。試乗車はコンフォートパッケージ（14万4000円）に「サーボトロニック」が含まれていますが、これがついてないとどうでしょ。ほとんどの即納車はついてないと思いますが。

福野　速度感応可変アシスト制御ってだけじゃなくて、操舵の手応えやレスポンスなどEPSの制御もサーボトロニックはノーマルとは違う場合が多いから、サーボトロニックなし車だとまったく保証はできません。

荒井　サーボトロニックなしは乗っていない？

福野　だって広報車にないもん。ちなみに11月21日に御殿場でやったアクティブツアラーの報道試乗会に7台並んでた試乗車は、全部これとまったく同じ仕様でした。内外装色、オプションとも全車同じ、タイヤも銘柄全車同じ（BS TURANZA T001RFT）。個体は今日のとは違いましたが（本日の試乗車は「WBA2A32070VZ48419」、試乗会で試乗したのは3番違いの「48416」）。

荒井 11番目がVですから、本車はライプツィヒ工場の生産ということですね。荒井的に言いますと、うすらデカくて背の高いパッケージなのに、なんかキュートに見えるっていうスタイリングも結構気に入りました。Xシリーズとかフロントが上下に分厚いBMWって、セダンに比べるとどうもフロントマスクがシャープな感じにならないでしょ。

福野 ただのブタになりますな。

荒井 そもそもテーマがブタですからね。ははははは。その点このクルマはボリューム感とシャープ感がうまく同居してるし、フロントマスクの表情がどこから見ても破綻してないのは見事だと思います。最近のBMWスタイリングの中ではiシリーズの2台と並んで傑作ではないでしょうか。あと車名のナゾなんですが。

福野 ダイムラーは2020年までに車種ラインアップを30車型を追加するって言ってるでしょ。当然ビーエムもそれに追従する。これまでの競争が冗談に思えるくらいの乱作乱売合戦にこれから突入していくわけだけど、そうなるとBMWの車名システムは苦しいよ。ベンツはA、CLA、GLAとアルファベット重ねてきゃいいだけだからCLBもGLBもできるけど、BMWはシリーズ名に重ねて新車名つけていくしか方法がない。グランツーリスモ、グランクーペ、アクティブツアラー、今後も苦しい命名のBMWがどんどん出てくるでしょう。

荒井　アクティブツアラーはお薦めですか。

福野　BMWにあって他にないのは、圧倒的な出来のディーゼルターボ＋8速AT。だからBMWのお薦めは320dセダンと523dです。6速だけどクロスオーバーのSとSDもなかなかいい出来。むしろ本車の場合4気筒の225i（4WD／494万）がXシリーズのお客さんにとって狙い目じゃないですか。

東京湾トンネルをくぐって湾岸線を臨海副都心ICで降り、お台場名物の大きな観覧車がある東京レジャーランドの駐車場へクルマを駐め、お隣のトヨタMEGAウエブへ。ここの構内試乗コース「ライドワン」でトヨタMIRAIの報道向け体験試乗が開催される。

ご存知の通りMIRAIは世界で初めて一般販売にこぎつけたFCV（燃料電池車）。タンクに貯蔵した水素と空気中の酸素を反応させ発電、ニッケル水素バッテリーに充電し、モーターで走行する。

水素は後席下とトランクルームに置いた3層構造樹脂タンク2個（合計容量122・4ℓ）に貯蔵、約3分間の補給（充填圧70MPa規格ステーション）で約650kmの走行が可能だ。さらに新規格発行で充填圧力が引き上げられれば航続距離は700kmまで伸びる。

販売価格は税込723万6000円だが、CEV補助金が約202万円補助され、エコカー減税分と自動車クリーン税制の自動車税減税分を加えると約225万2900円が優遇されるので、実質的には500万円を割って約498万円だ。さらに愛知県のように地方自治体が補助金を交付するケースも出てきた（愛知県補助金75万円）。
トヨタ自動車では2015年の生産台数を700台と発表しているが、巷に流れている話では受注台数はすでに1000台を超えているらしい。15年後半からアメリカ・カルフォルニアでも販売を開始する予定になっているため、国内への供給台数は年間約400台といわれており、もし事実なら早くも「2年半待ち」の様相だ。
受付をすませ試乗の順番を待つ。広報部の話では、出遅れた我々の順番はドンケ。しかたなくベンチに座って展示された実車とカタログを眺める。

荒井　水素はともかく、それ以前になんとも凄い恰好のクルマですよね。トヨタのデザインってどうなっちゃってるんでしょうか。

福野　ホイルベース2780㎜の4890×1815×1535㎜か。ホイルベース＝Dセグ級、全長全幅＝Eセグ（Eクラス／5シリーズ）級だけど、全高が1535㎜もある。ってことは全幅は狭いけど横から見ると5のグランツーリスモくらいのシルエットだな。

古屋編集長　もっとコンパクトなクルマかと思ってました。

荒井　1850㎏っていうのは意外な軽さですね。335Nmですからトルク／重量比5・52。ミニ3／5ドアとかゴルフ1・4とか320iくらいのデータですね。

福野　いやまあモーターですから0rpmから最大トルク出てるんで。

荒井　え〜モーター車だと（iPadを眺めながら）ホンダのFCXクラリティが1630㎏の256Nmで6・37、i3は1260㎏の250Nmで5・04か。いずれにせよテスラ・モデルSにはかなわない（600Nm／2110kg＝3・51）。
待っている間、MIRAIのチーフエンジニアである田中義和さんにお話を伺うことができた。

田中CE　ご試乗いただく前にあんまり言っちゃうとアレなんですが、クルマとしての開発のポイントは3つあります。ひとつは重量物をなるべくホイルベース内に低く搭載して、低重心とFF車に近い58：42という重量配分を実現したこと。第2が剛性ですね。鋼板モノコックの剛性を上げていますが、リヤのタンク回りにもブレースを付けたりしてリヤの捩り剛性をかなり上げました。FCスタックは熱可塑CFRPのケーシングを介してフロアにダイレクトマウントしてます。TBAの捩り剛性も通常の1・5～1・7倍くらいに上げています。3つ目は防音対策です。エンジンがないと騒音・振動源がないから逆にロードノイズが目立つってこともあるんです。700万円の高級車ですから、車体側の制振／吸音／遮音を徹底的にやったほか、サイド全4枚のガラスをアコースティックタイプ（2重ガラスの間に防音フィルムを挟む）にしてます。車体制振はブチル系のダンプシート、吸音はフェルトとシンサレートです。

福野　（カタログを見ながら）このホワイトの内装はなかなかいいですね。

田中CE　あ、わたし実は今回この白い内装は結構自分でも。このシートは表皮一体発泡成形です。

福野　ISとRCと同じですね。紡織の特殊製法の（＝トヨタ紡織株式会社）。

田中CE　そうですそうです。凹面形状でも作れるんでフィット感が良くなるんです。

福野　車両の生産は元町工場ですか。

田中CE　スタックもタンクも内製、ユニットは本社工場、ファイナルアセンブリーは元町のLFA

工房でやります。

福野　そうなんですね。ＬＦＡ生産中に取材で何度も入らせてもらいました。

1時間ほど待ってようやく順番が回ってきたので、荒井さん、森口カメラマンと乗り込む。

荒井　なんかめちゃめちゃ面白い方ですねえ。作ってる方のお話をじかに聞いちゃうとファンになっちゃいますね。もう「カッコ悪い」とか口が裂けても言えない。

福野　そこが自動車評論家の落とし穴。

森口カメラマン　燃料電池の話がまったく出なかったのが面白かったです。ＦＣＶっていってもやっぱり基本は「クルマ」なんですね。

試乗車の内装はカタログと同じオフホワイト。表皮は合皮だが、シートのフィット感はとてもいい。お尻の上部を包むようにホールドするのは最新トレンド通り。外装同様インパネもデザインが暴走しているが、作り仕上げが良く、金属から削り出したようなかちっとした硬質感があるので、実車にはそれほどひどい悪い印象はない。

運転の要領はプリウスと同じ。スタートボタンを押してセレクターをＤにしてアクセルを踏むだけだ。

試乗コースは構内を1周する1・3㎞。350ｍの2本の直線路以外は、徐行でしか走れないカートコースのような細い通路。ヨーロッパの石畳路やアメリカのコンクリート舗装など、各国の路面もミニ再現されているが乗り心地チェックの参考にはあまりならない。

福野　（結構踏み込んで加速する）

荒井　おおお～。やっぱ発進からの加速はいいですね。無音のままフーッとワープする感じ。

福野　（ハンドルを少し左右に切って）これは操安感結構いいですね。操舵力もずっしりしてるし、中立からしっかり手応えがあって反応がいい。車体はいかにも重いけど、重心が低くて腰下が岩みたいにがっちり固まってます。この感じはテスラ・モデルSに似てる。ハンドル切るとべたーっと地面にひっついたまんまクルマがすいすいっと泳ぐ感じ。この道だと乗り心地に関しては何とも言えないけど、振動の減衰感はいいんで入力が大きくても乗り味は悪くないんじゃないかと予想します。ただ高速域は分からないけど。

森口カメラマン　リヤはなかなか快適です。広いし静かです。

一周して荒井さんに運転を代わり、福野は後席へ。

福野　後席広いなあ。さすがにヘッドルームも充分。シートのフィット感も前席に劣らないですね。LS並の居住感だなこれは。

荒井　（走り出す）ホントだ。ハンドルがしっかりしてます。プリウスとかアクアとぜんぜん違います。乗り心地もフラットで安定感があります。運転してみるとクルマ、デカいです。前輪あんま切れないし。

福野　リヤサスTBAでしょ。このロードノイズの遮断は凄い。前席と比べたときのNVの落差感はとても少ないです。クルマの作り方としては後席重視のサルーンカーと同じですが、基本条件が有利（低重心／高剛性／低ヨー慣性）だから、操縦安定感を犠牲にしないで後席乗り心地性を実現できている感じがします。このクルマはちゃんと公道で乗ってみたいですね。

荒井　荒井は700万高け〜と思ってましたが、クルマがちゃんと高級車になっているのに驚きました。静かで乗り心地いいし、内装がっしりしてて品質感高いし、LSとかEクラスみたいな感じで乗れますよね。カッコがこれじゃなかったらちょっと欲しかったかも。

福野　燃料電池とかってなると、いきなり張り切ってぶっ飛ばしちゃうんですよねデザイナーって。テスラ・モデルSのなにが凄いってそこ。張り切るどころかジャガーFタイプとアウディA7足して2で割ってマセラティのグリルつけただけ（笑）。うまい。

3周で試乗は終了。

福野　クルマとしてしっかり作ってあって、完全に完成しているところが凄いですね。当たり前ですけど危うい感じがまったくない。しかしこうなるとまたトヨタの一人勝ちなんでやばい。

古屋編集長　どうしてですか。

福野　FCVの命運は水素供給のインフラ整備が左右する。日本は官民一体で推進してるからともかく、ヨーロッパ人はヘソ曲がってるからトヨタが一人勝ちしたら「オレらそんなもんいらねえよ」って逆風になる可能性は大いにある。ここはパテントオープンするとか技術供与するとか1社でも味方増やして一気に普及を促進させないとガラパゴる。今回ガラパゴったら競争もなにもない。終了ですよ。

古屋編集長　なるほど

福野　ついでに言うとアメリカではとにかく儲けたら社会貢献です。うそくさく、わざとらしく、これみよがしに、徹底的に社会貢献やる。それさえやっときゃ絶対叩かれない。それやらんで一人勝ちしてるからアシすくわれる。これ絶対ホントですよ。

2015年1月8日（「ル・ボラン」連載「比較三原則」）

プジョー308対フォルクスワーゲン ゴルフTSI

値段もおもいきりぶつけてきたが、なにより驚くのは、佇まいまでそっくりだということだ。

ヘッドライトの部分を平面形で斜めに切り落としてオーバーハングの軽快感を出したフロント。ルーフを後方に真っすぐ伸ばして引き起こしたテールゲートにつなげ、太いCピラーで隈取りしたキャビン。Aピラーと前輪、Cピラーと後輪の位置関係の絶妙バランス。ややサイドウインドウを倒し、前面投影面積を削った横断面形の構築手法。

表面の凹凸（＝スタイリング）が違ったとしても、プロポーションのポイントとなるパッケージや、立体としての構築のアウトラインが似ていれば、クルマというのは瓜ふたつに見える。お台場の防災公園の広大な広場に置いて300m離れて見た両車の雰囲気は、本当に兄弟のように似ていた。

サイズとパッケージがそっくりなら、おのずと車内の居住感も似てくる。当然だ。

ドアを開けて前席／後席に座った感じ、テールゲートを開けてトランクルームを覗いた印象も驚くほど近い。

前席に対する後席のヒップポイントの取り方、背もたれの角度、サイドガラスの見切り高さなど、後席着座パッケージはさらにそっくりだ。

各部を計測してみた数値にもそれは現れている。

以前Dセグ車8台を集めて横比較をしたことがあるが、一見同工異曲に見える同クラスのライバル車も実際並べ比べてみるとパッケージや居住感の構築法や考え方はそれぞれさまざまで、かえって各車のバラエティが繚乱した感があった。その観点から見ても新型プジョー308のパッケージに対する「ゴルフ瓜ふたつ」という表現はぜんぜん不当なものではない。

もちろん自動車の開発期間が短縮されたからといって、ゴルフⅦを見ながら作ったのではこのタイミングでは出てこない。なにかを横目に見ていたとしてもそれは旧ゴルフⅥだったはずだ。ということならⅦには似てないがⅥそっくりのボンネットからAピラーになめらかに繋がるこのスタイリング処理にも納得がいくのだが、少なくとも車体寸法をかなり小型化した308と、大型化したゴルフの各部のディメンションが各部で㎜単位まで接近しているのは「偶然」である。

プジョー308を茶化せるのはしかしここまで。走りの出来には驚いた。

とくにエンジン。

期待のPSA製ダンサイジング3気筒1・2ℓは、208／2008に搭載したNA仕様118Nm＋シングルクラッチ電制MTでは、さすがの軽量ボディ（1110～1140kg）でも非力感は否めなかったが、308が採用した直噴ターボ版は発進から目の覚めるような走りを見せる。

試乗車のシエロはルーフ全面をガラス張りにしたパノラミックガラスルーフ仕様で、車重はゴルフでいうと1・4ℓ版と同じ1320kgもあるが、230Nm／1750rpmという驚異的なスペックはフロックでもなんでもなくではなく、VWの1・4ターボの走りに迫る。しかもトルクバンドも広いから、ステップ比の大きい6速のハンデをものともせず、各速どの回転域からでも力強く車体を牽引する。

アイドル振動だけは208／2008のNA版と違ってやや大きいが、走り出せば少なくとも常用域での回転感はなめらかで、3気筒を感じない。

ゴルフの1・4ターボの難点は、気筒休止機能からのリカバリーが遅いことで、踏み込み加速では毎回わずかにトルクの立ち上がるタイミングが遅れる。そのせいもあってなんとなく走っているときにエンジンの反応に期待ほどのパンチがない。VW1・2ターボのほうは低アクセル開度からスロットルを開ける制御も加わってレスポンスがいいが、トルクそのものは175Nmしかないから、アクセル開度が深くなればなるほど走りはスペックなりの印象になっていく。

308の3気筒1・2ターボ＋6ATはいってみれば両者のいいとこ取りだ。レスポンスはいいし、どこからでも強力に引っ張るからアクセル開度はおのずと小さくなる。モード燃費は16・1km／ℓとゴルフの審査値に遠くおよばないが、実用燃費ではそれほどの大差はつかないだろう。

どのクルマで乗ってもほとんどいいところがないBMWの3気筒1・5ターボ＋6速ATには失望したが、プジョーの1・2ターボはいい出来だ。まさに逆転の感がある。

しかも308はシャシの印象も悪くない。

ゴルフⅦはこのクラスの平均からするとサスペンションのセッティングがソフトで、制振／防音も徹底しており、まるでレクサスにでも乗っているかのような静粛性と快適性を売りにする。しかし路面に対する反応もやや大きく、うねりや段差ではダンピング不足であおられたり揺すられたりする傾向がある。リヤサスがＴＢＡの１・２ℓモデルのほうがこの点はるかにばね上の挙動感が軽快で安定感があり乗り味も素直だが、同じくリヤＴＢＡのプジョー３０８もこれに近い雰囲気だ。

アシは引き締まっていて良路ではフラットで安定した乗り心地。ステアリングは重めのしっかりした操舵感で、ゲインは比較的高めだが、切り込むとフロントがなめらかにロールしてきれいに荷重が移動し、ヨーが立ち上がって行くときにぎくしゃくした感じがない。良路ではリヤの追従感もとてもいい。

ボディの剛性感はガラスルーフだったこともあってか、このクラスの最新基準では並出来だ。２０８／２００８同様、サブフレーム／サスアームのラバーブッシュ容量が車重に対してやや小さいこともあって、段差などで強い衝撃が入ると乗り心地が急変する傾向があった。ロードノイズ／気柱共鳴音もやや車内に響く。荒れた路面での乗り心地／快適性はゴルフにはかなわないだろう。

本革装インテリアの仕上がりはＶ40さえ若干超えるかもしれない。

ショールーム商品性はゴルフを上回る。

このクルマの評価はしたがって２０８／２００８同様、恐ろしく珍妙で独善的なドライビングポジションと反対回りのタコメーターという人間工学的ナンセンスを甘受できるか否かで決まる。人間工学と常識とクルマ１００年史からすれば断固許しがたい。

点数表

基準車＝点数表

基準車＝ゴルフツTSIハイラインを各項目100点としたときのプジョー308シエロの相対評価

＊評価は独善的私見である

＊採点は5点単位である

エクステリア

パッケージ（居住性／積載性パッケージ）	110
品質感（成形、建て付け、塗装、樹脂部品など）	100

インテリア前席

居住感①（ドラポジ、メーター視認性）	30
居住感②（スペース、視界などドラポジ以外）	100
品質感（デザインと生産技術の総合所見）	115
シーティング（シートの座り心地など）	110
コントロール（使い勝手、操作性など）	110
乗り心地（振動、騒音、安定感など）	85

インテリア後席

居住感（着座姿勢、スペース、視界などの総合所見）	90
乗り心地（振動、騒音、安定感など）	90
荷室（容積、使い勝手など）	120

運転走行性能

駆動系の印象（変速、騒音・振動、フィーリングなど）	90

ハンドリング①（操安性、リニアリティ、接地感、奥行）	95
ハンドリング②（駐車性、取り回し、市街地など）	100

剛性感	90

総合評価	95.7点

総評
ゴルフに1.2ターボの試乗車がなかったため、パワートレーンの採点はしなかった。もししていたらパワートレーンの項目についてはゴルフ100点に対し、125点±5点はつけたと思う。ただしゴルフ1.2は運転性能各項目で1.4より評価は高い。308のインパネ設計とそれに伴うドラポジについては、あえて別項目をたてて厳しく評価した。この項目を無視できる方は、これを除いて平均点を算出し直していただければと思う。

２０１５年1月15日（「カーグラフィック」連載「クルマはかくして作られる」）

自動車用ガラスの技術

旭硝子株式会社・愛知工場に取材に伺ったのは１９９９年の初春のころだった。板ガラスを作るフロートバスというアイディアとその規模に驚嘆し、合わせガラスの製法に納得し、強化ガラスを作るガス炉の設備投資とサイドガラスの曲率との関係に知見を広げた。

あれから15年。ふたたび愛知工場を訪問することができたのは幸せである。ガラス作りの製法の基本は、ガラス作りの精神とともにもちろんいまも不変だったが、シミュレーション技術の発達などによって設計・生産技術は大きく進化、製品の光学的性能や精度は飛躍的に向上していた。同社が有する様々な化学品製造技術の応用などによって、ＵＶ／ＩＲカット、撥水、遮音、遮熱、調光など、様々な付加価値を持つ多機能な自動車ガラスも登場している。

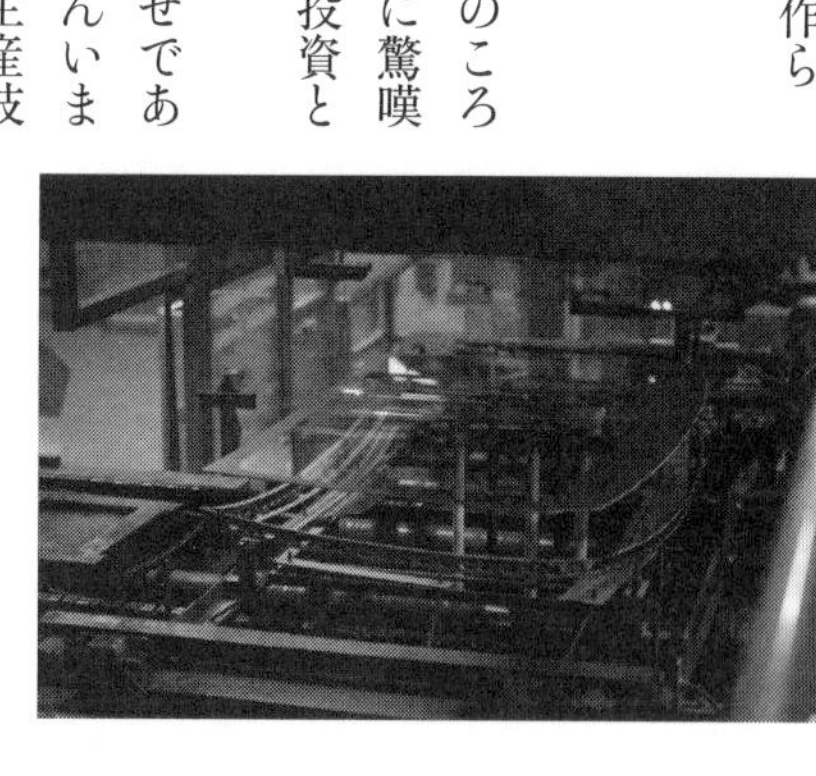

旭硝子株式会社に最新のガラス技術を取材した。

ガラス、電子部品、フッ素などの化学品、そしてセラミックスなど、幅広い事業を世界展開している同社は、２００７年にグループブランドを「ＡＧＣ」に統一した。業界ではＡＧＣという呼称もすっかりお馴染みになっているが、設計者のみなさんも愛知工場の方々も旧来通りプライドを持って

「旭硝子」と呼んでおられた。ここでもそのように表記する。

最新のガラスの設計・製造技術のレクチャーを受けたあと、愛知工場のフロートバス、合わせガラス、強化ガラスの各製造工程を見学したが、盛りだくさんの内容をひととおりご紹介するとなると、少々機能的にまとめて行かざるを得ない。本文では興味深いテーマと最新技術をご紹介することにしよう。まずはおさらいから。

ガラスのおさらい

●ガラスの基本

ガラスは珪砂（けいしゃ）を主原料した無機物質で、高温で溶融した状態が結晶化せずに冷却して固まったものである。そのため学術上は「液体」と分類される場合もある。構成分子が非常に小さく、結晶化して並んでいないため粒子の境界がなく、可視光線を透過する。厚さ3㎜のガラスに垂直に入射した光は、約91％が透過する。

愛知工場の場合原料の珪砂はオーストラリアからの輸入が大半である。太古の海岸が隆起した山塊から産出される珪酸SiO_2の含有量の多い種類だという。

珪酸は融点が高く、硬く、成形しにくいので、これにソーダ灰（炭酸ナトリウムNa_2CO_3）を添加して融点を下げる。これをソーダ石灰ガラスという。ちなみに珪酸のみで構成された天然のガラス状物質が石英だ。

ソーダ灰はアメリカからの輸入が主流だが、日本で板ガラスの製造が始まった20世紀初頭、自給体制を確保するため塩化ナトリウム、アンモニア、石灰石からソーダ灰を生産する方法を開発（1917年に）したことが旭硝子が化学品分野に進出するきっかけになった。

自動車用ガラスの原料は珪砂70～74％、ソーダ灰12～16％、表面の劣化を防止するための石灰CaO 6～12％、その他（苦灰石、長石）など。この砂状の材料中におおむね重量比で50％ほど割れたガラスの破片である「カレット」を加える。カレットを入れると融点はさらに低くなる。

ガラスに微量の金属を添加すると、イオン化した金属が可視光線の一部を吸収するため、ガラスに色が付いて見える。添加成分が銅やコバルトだとガラスはブルーに、鉄、銅、クロムならグリーンに、鉄＋硫黄だとブラウンに見える。プライバシーガラスはいまや自動車用ガラスの生産量の3割ほどにもなるというが、黒くなるのはおもに酸化鉄の効果だという。セレン、そしてクロム、コバルトなどもppmオーダーで添加し、色味をコントロールしている。

ちなみに装飾ガラスによくある真っ赤のガラスの秘密は含有する金だ。

●フロートバス

カーブした自動車用ガラスも、最初は真っ平らな板ガラスである。高精度な板ガラスを作ることが、歪みのない視界の曲面ガラスを作る第一歩である。

18世紀以前は溶解したガラスを吹いて筒状にしたものを切り開いて板ガラスを作っていたというが、産業革命以後、溶解したガラスから板状のガラスを垂直に引き上げるという各種方法がアメリカやベルギーで考案された。

現代のフロート法は、1959年に英国のガラスメーカー、ピルキントン社が発明したものである。フロートバスとは耐火煉瓦製の炉内に溶解した錫（すず）Snが注がれた真っ赤の灼熱地獄のプールのことである。錫の融点は232度C、比重は7・3。このプールの表面に溶解したガラスを静かに注ぐと比重2・48のガラスは表面で薄く広がり、上面はガラスの表面張力によって、また下面はガラスと錫の界面張力によって、非常に高い平面度を持つ板ガラスになる。

比重のバランスなどの関係でなにもしなければガラスの厚みは6・9㎜ほどになるらしい。フロートバスの周囲にはモーターによる駆動機構があり、ガラスの両端にギヤのような駆動装置を食い込ませて上流へと牽引している。このときの牽引速度と左右の張力で板ガラスの厚みを制御する。はやく駆動してどんどん引っ張ればガラスは薄くなる。駆動力をおとせばぶ厚いガラスができる。まったく天才的だ。

自動車用ガラスの厚みはフロントの合わせガラスなどで2㎜前後、リヤガラスやサンルーフ用ガラスなどが3・5～5㎜、ドアガラスは5㎜ほどである。

●合わせガラス

保安基準では自動車にJIS R 3211で規定している「安全ガラス」を装着することを定めている。

現在一般的な安全ガラスは「合わせガラス」と「強化ガラス」である。

合わせガラスは、2枚のガラスの間に非常に引っ張り強度の高いPVB（ポリビニールブチラール）製の0・76㎜の中間膜をサンドイッチすることによって、人体などが衝突したときにガラスが割れて衝撃を吸収しつつ、中間膜の強度によって形状と柔軟性と強度を維持し、貫通を防いで車外に放出させないという設計だ。両側から切り筋をいれない限り、穴を開けることもできない。

内外2枚のガラスは薄い板ガラスから作る。内側／外側とも2㎜厚というのが一般的なようだが、内側を1・6㎜などと薄くして軽量化した設計もある。

超硬カッターを使って板ガラスをウインドウの形状に切り、周囲の枠部分だけを縁取ったような型=焼き型の上に2枚重ねて乗せ、約600℃の炉内に投入する。柔らかくなったガラスは2枚重なったまま自重で曲がって3次曲面が出来る。融点より低いため、重なっていても溶着しない。

当然のことながら、単に均一に熱しただけでは、周囲が先に自重で落ち込んで鍋底形になってしまう。中心部分ほど熱く、周囲は温度があがりすぎないよう、炉内のヒーターの配置を工夫したり局所的に加熱するヒーターを配したりして温度コントロールをしているとのことだ。

旧来はこれをもっぱら経験則とメイクアンドトライで行っていたが、シミュレーション技術によって温度分布と形状の関係を精密に解析出来るようになったため、曲面の歪みが格段に少なくなり、フロントガラスの光学的性能が向上した。

曲面がついた2枚のガラスの間にPVBの中間膜をはさみ、オートクレーブで熱と圧力を加えて圧着する。各種アンテナは銅箔を印刷したPETフィルムを中間膜と一緒にはさんでいる。

●強化ガラス

サイド、リヤ、サンルーフなどのガラスは一般的に強化ガラスである。これも板ガラスから作る。熱で曲面をつけたあと、エアを吹きかけて急冷すると、表面が先に固まって内部が収縮できなくなるため、表面に圧縮残留層が生じる。ガラスは引っ張り力によって破断するため、圧縮残留応力がそれを相殺することで強化される。強度は3〜5倍になる。

内部には引っ張り応力が内包されたままなので、割れるときは全体が瞬時に破壊する。しかしガラスが割れる速度は音速を超えられないため、次々に枝分かれして細片に分離する。社内品質基準では、そのときの破片のサイズ、エッジの角度などまで厳密に定めているという。

前回の見学時は強化ガラスの製造法の主流はガス炉法だった。廊下のように長い炉内にエアで浮かせて保持した板ガラスを入れると、通路のRの変化に沿ってガラスに曲率がついていく(炉の出口でエア急冷)。ガス炉法の欠点は2次曲面の成形しかできないこと、ひとつの大規模ラインで作れるのはひとつの曲率だけということだ。現在は1本のラインが残っているのみだという。

現在の主流は新重力法である。炉中で軟化した板ガラスを上部のモールドにエアで吸引しておき周囲をリング状の型で押してて成形、さらに下部の型の上に落下させて急冷するという工法である。3次曲面も製造可能だ。

ローラーフォーム法というさらに画期的な成形方法も登場している。

残念ながら図示説明すら厳禁という新技術が、高温炉内の通路にNC制御のローラーがずらり並んでおり、熱で軟化した板ガラスが流れてくるとローラーが次々に沈み込みながらリレー式にガラスを保持しつつ流し、少しづつRをつけていくという製造法だ。ローラーは横方向にも輪切りになっていて、垂れ下がりのRも制御できる。したがって3次曲面も作れる。メリットは精度。合わせガラスの曲げもガス炉法も新重力法も非接触だが、こちらはガラス表面にローラーが触れる。そこんとこがどうなのか知りたかったが、秘密のベールに阻まれた。残念。

自動車用ガラスの付与技術

ガラスは光だけでなく電磁波も透過する。優れた視界を得るための優れた光学的性能が求められてきたのと同様、現在の自動車ガラスには車内でスマホを使ったときの優れた電波透過性能も要求される。このように安全性、快適性、利便性、スタイリングなど、自動車用ガラスにも様々な消費者ニーズがある。旭硝子ではユーザーの声を直接聞いて新しい商品開発に結びつけるなど、積極的な製品開発を行って自動車メーカーに提案しているという。

自動車用ガラスにさらなる付加価値を与える同社の技術をご紹介する。

●UVカットガラス/UV+IRカットガラス

軽自動車と小型自動車のシェアが増加、女性の購入決定権が拡大。そこで女性のニーズに応えるガラスは作れないかと起案し、女性スタッフがチームを組んで調査を行い開発したのが、紫外線を99%カットする同社の「UVペールプレミアム」だ。

フロントの合わせガラスには、従来から中間膜にUV99%カット機能が付与されていた。しかし強化ガラスのドアガラスは紫外線カット率90%以下のものが大半で、輸入車などではUVを40%近く透過するケースもあったという。

自社内に化学品の開発技術を有する強みを生かして紫外線吸収剤を含有した塗料を開発、これをガラス表面にコーティング（塗装）することによって、皮膚の老化に影響する波長４００〜３１５ｎｍのＵＶ-Ａも99％以上カットできる強化ガラスを世界で初めて開発した。

紫外線吸収剤は通常有機物質だが、サイドガラスの場合は昇降の摩擦に耐えることが絶対条件。そこで耐久性の高い独自の有機無機ハイブリッド材を開発したのが技術的ブレークポイントだったという。

トヨタ自動車で14車種など、28車種にオプション採用されヒット商品となった。

紫外線をカットしても赤外線は透過するため車内や内装材は熱くなる。そのためＵＶカットガラスであっても「感覚的に日焼けするような気がする」という声があった。そこで赤外線吸収剤も添加したコーティングを施したＵＶ＋ＩＲ99％カット強化ガラス「ＵＶベールプレミアム・クールオン」を新開発した。２０１２年の登場以降トヨタ自動車で8車種など17車種が採用している。

車内が熱くならないならエアコンの負荷は低くなり、省燃費に直結する。17車なぞとケチなこと言わず、日本で販売するクルマは全車標準装備にすべきだろう。

製品の開発にあたっては、日射による車内温度の経時変化をシミュレートできる温熱シミュレーションを駆使したとのことである。

●アンテナ

ガラスにプリントしているアンテナは、デフォッガーの熱線同様、低融点ガラスの微粒子を銀を混ぜた塗料をシルク印刷、合わせ／強化の成形時の熱で焼結させたものだ。

旧来のガラスアンテナは１ＭHzのＡＭ帯〜１００ＭHzのＦＭ帯用が主流だったが、日本向けでは地デジ（500〜800MHz帯）、欧州ではDAB（デジタルラジオ200MHz帯／Lバンド1・5MHz帯）、アメリカではSDARS（2・3GHz帯）などに対応する埋め込みアンテナが新たに採用されるようになった。

また携帯電話（0・7〜3・6GHz帯）、GPS（1・5GHz）、VICS（2・5GHz）、WiFi（2・45GHz）、WiMax（5・2GHz）、ITS（760MHz／915MHz）などの各種情報通信電波の透過性能も保証しなくてはいけない。このため同社ではガラスアンテナ開発支援シミュレーションを駆使するとともに、日本と北米に高度な性能を有する電波暗室を設置、専門知識を持ったエンジニアがガラスアンテナの設計・開発および性能評価を行っている。

●防雲ガラス

「ガラスの永遠の課題」。防雲ガラス初代開発担当者である同社シニアセールスエンジニアの石岡英樹さんは、ガラス内側の結露による曇りをそう表現した。

ガラス表面が冷え、10㎛ほどの水滴が生じると、反射で白く曇る。市販の曇り止め剤というのは、界面活性剤によって界面張力を減少させ、水滴を拡散させてレンズ効果を消滅させるものだが、旭ガラスが開発中の防曇ガラスは、水の分子を引き寄せる化学基を持つ物質を塗料化してガラス表面にコーティング、表面が吸水膜となって水分を吸収し、曇りを生じさせないという技術である。

蒸気スチーマーをガラス表面にかざすという強力なデモを見せていただいたが、通常のガラスが一瞬で真っ白に曇るのに対し、防雲ガラスはまったく変化しなかった。すごい威力だが、水分の吸着量の限界を超えるとやはり曇ってくるという。

実験では外気温マイナス6℃／内気循環モードで、通常2分で結露するところを15分まで伸ばした。現在開発中だが、そう遠くないうちに採用されるかもしれない。

●遮熱合わせガラス／高性能遮熱合わせガラス

合わせガラスの中間層のＰＶＢフィルムにはＵＶ99％カット機能が与えられているが、強化ガラスのコーティング同様、これにさらにＩＲカット機能をもたせたものである。およそ１５００～２１００nmの波長帯域の紫外線を、通常のガラスの40～50％レベルに対し、99％以上カットする。

さらに高性能版は８００nm帯域の透過も低減して、皮膚に対するじりじりした感覚をさらに低減した。実験では車両の野外放置時のハンドル温度が通常合わせガラスで83℃だったものが、遮熱ガラスでは80℃、高性能版では77℃に低下、エアコンをつけてこれを60℃に低下するまでに要する40分間を、それぞれ29分、23分へと短縮できたという。

●遮音合わせガラス

フロントガラスは大面積のため、車外騒音の侵入口のひとつである。遮音合わせガラスは、通常の中間膜の間により柔軟な樹脂の遮音層をサンドイッチすることで中高周波音の伝播エネルギー減衰させ、騒音を低減するというアイディアだ。

とくに２０００～５０００Hzという風切り音の周波数帯域で遮音効果が高いという。

●ＨＵＤ用楔合わせガラス

旭硝子ではヘッドアップディスプレイ用の投影ガラスも作っている。非常に高い面精度を要求される製品だ。

旧来は0・76㎜の1枚ガラスを使っていたが、現在の製品は0・5～0・7㎜という薄いガラスを2枚、中間膜をはさんで互いに僅かな相対角がつくようにした合わせガラスを採用している。ガラス表面での屈折角度と反対側表面での屈折角度が変わるので、像が二重に見える現象を防ぐことができる。

●撥水ガラス

ＡＧＣの事業グループである化学品カンパニーの代表的な製品はフッ素化合物である。フッ素系材料をガラス表面にコーティングすることで水をはじき、流れ落ちやすくしたのが撥水ガラスだ。

水滴の接触角はノーマルガラスの30～50°に対して103°に増加、また水滴が滑り出す水滴滑落角度は20°以上から12°に低減している。

また氷の付着力も同様に低減するため、氷結によるドアガラスの昇降異常も生じにくくなるという。

●調光ガラス

２０１４年9月からメルセデス・ベンツＳクーペの欧米向け仕様のガラスルーフに、旭硝子の調光ガラス「ＷＯＮＤＥＲＬＩＴＥ」がオプション採用された。

顔料入りのマイクロカプセルを含有した導電性塗料をガラス表面にコーティングしたもので、通常は色素がランダム状態になっているため光の透過率1％以下／日射エネルギー透過率が17％だが、電気をかけると顔料の色素の方向がそろうことで、透過率がそれぞれ35％、30％に上がる。通常のガラスの日射エネルギー透過率は約62％である。

将来はドアガラスにも応用していくという。

●ＭＡＷ（モジュールアッシーウインドウ）

Rをつけた強化ガラスなどを金型に入れ、ガラス周囲や裏面に樹脂モール、SUSモール、アセンブリ用のピンなどをPVC射出成形によって一体化、そのままクルマの車体に装着出来るようにした設計・生産技術。アセンブリ工程での組み付け作業性が向上するだけでなく、ボディとのフラッシュサーフェス化もより一層図れるようになった。

15年前とは別世界、人類も日本もちゃんと進歩していた証拠である。15年後まだ元気だったら、もう一回行きたい。

AGCグループ／旭硝子株式会社

AGCグループは、自動車用ガラス、建築用加工ガラス、低放射ガラス、装飾ガラスなどを作るガラス事業、表示デバイス用ガラス基板、ディスプレイ用特殊ガラス、光学薄膜製品、オプトエレクトロニクス用部材などの電子事業、フッ素樹脂、撥水撥油剤、塩化ビニル原料、苛性ソーダなど化学品事業、そしてセラミックス／その他の事業という、4つの事業を世界展開しているグループ会社である。それらの製品の設計・開発・生産を支えているのが、シミュレーション技術、分析・センシング技術、プロセス設計などの共通基盤技術だ。

グループの中核である旭硝子株式会社は、三菱財閥創始者である岩崎弥太郎の甥の岩崎俊弥によって1907（明治40）年に創立された。2年後には工業用ガラスの国産化に初めて成功している。1917年、ガラスの原料であるソーダ灰の製造を開始。戦後復興後の1954年にはテレビ用ブラウン管の生産に着手している。1956年にはインド、64年にタイに100％出資子会社を設立して早くも海外進出を開始。81年にはベルギーのグラバーベル社を買収（現AGCガラス・ヨーロッパ社）、85年にはアメリカにAPテクノガラス社を設立（現AGCガラス・ノースアメリカ社）し、欧米でそれぞれガラス生産を開始した。グローバル一体経営体制に移行しカンパニー制を導入したのは2002年である。2007年にはグループブランドをAGCに統一した。

現在日本・アジア87社、欧州92社、北米・南米21社の連結子会社を擁し、世界およそ30カ国で事業展開している。

国内の工場は関西地区2カ所、関東地区に4カ所など7拠点。2013年度の売上高は1兆3200億円で、事業部門別では、板ガラスと自動車用ガラスでともに世界首位のシェアを持つガラス事業がおよそ50％を占める。

２０１５年１月31日（「カーグラフィック」連載「クルマはかくして作られる」）

エアコンの最新技術

デンソー製カークーラーがトヨペット・クラウンのオプションとして採用されたのは１９５９年。

エンジン冷却水の熱を放熱するヒーターコアを組み合わせ、冷気と温風をエアミックスするＨＶＡＣを採用し吹出口の温度制御を可能にしたカーエアコンが登場したのが１９６７年。

以来カーエアコンは車室内の平均温度や各部温度を精密制御するオートエアコンに発展しながら進化してきた。しかし現代最新のカーエアコンの制御の目標は、温度そのものではなく、乗員の温熱快適性である。そのため高級車のエアコンシステムでは後席乗員の皮膚温度と着衣表面温度を、遠隔測定までしている。

快適、小型化、省動力化を目指す数々の新機構、ここまで進化していたかカーエアコン。14年目の再取材、デンソーのエアコンとレクサスＬＳのエアコンシステムを見聞する。

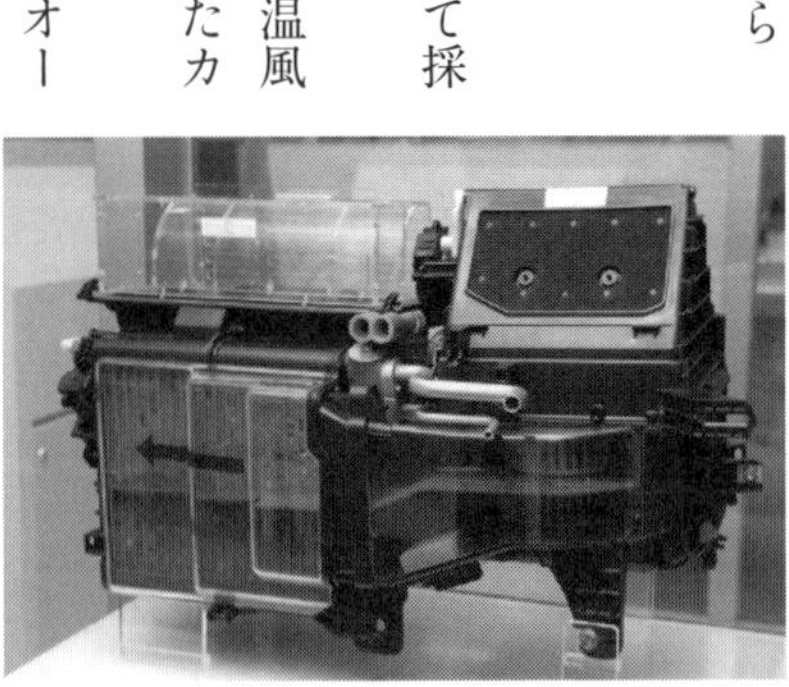

夏の暑い日、ようやくお迎えにきてくれた高級車の後席に滑り込んだとき、あなたはたぶん溶ける寸前だったかもしれない。

エアコンが効いた車内は、ああ、天国だ。

天井にいて後席6カ所の温度をじっと監視していたIRマトリックスセンサーがそれを見ている。

助手席のうしろに突然猛烈な熱気を放射している物体が出現したこと。

それはたぶん熱でうだった人間であること。

とくに物体の上部がてんてんに熱いこと。

センサーの一報を受けたエアコンECUは、ただちに後席左側シートのコンフォタブルエアシートのファンを作動させてシート表面からエアを吸引、密着した背中とお尻の温度の上昇を緩和してクーリングする。

同時にインパネの内部にあるHVACユニットおよびリヤパッケージトレイ下部のリヤクーラーユニットを制御して、風量と吹出し温度を最適化し、天井、ドア上部、センターコンソールなどの後席用吹出口からリヤ左側席周辺に冷風を送って、左後席を集中的にクールダウンする。天井から吹き出す冷気がのぼせた頭をすっきりさせてくれる。

隣に座っていた先人はすでに快適にくつろいでいるので、クールダウンの必要はない。したがって右後席では快適状態がこれまで通り維持されるよう、吹出口温度と風量を微調整する。

ようやく体温が下がって汗が引いてきた。

IRセンサーはもちろんそれも見ている。エアコンの運転をクールダウン制御から快適制御に移行し、エネルギーを節約する。

寒い冬の日はいったいどうなるのか。

同じだ。今度はシートヒーターとHVACのヒーター機能を連携させ、冷え込んで凍ったあなたを集中ウォームアップする。

冷間始動時は運転席のシートヒーター、ステアリングホイール内部の電熱ヒーターも自動で作動、HVACユニット内の電熱ヒーターで温めたホットエアをただちに送り出すから、ドライバーにとってもウォームアップは速い。誰も座っていない助手席や後席を温めるような無駄はもちろんしない。

これは未来のエアコンの話ではない。レクサスLSに実際に装着されている「クライメイト・コンシェルジュ」という車内環境制御システムに導入されている機能の一例である。

LSのクールダウン／ウォームアップの目標時間は10分だという。この「速暖速冷」こそ日本の高級車の特徴だ。おおよそ10分で室内の乗員を快適にしたら、快適感の維持をしつつ省エネモードに入る。余ったら省エネに回す。

それにしても寒暖に関する「快適」の定義とはなんだろう。摂氏何度を持って快適とするのか。個人差だってあるはずだ。

人間が「熱い」と感じたり「寒い」と感じたりする要因は大別して2種類あるらしい。

「気温」「風速」「放射」「湿度」。

これらは環境要因である。

「着衣」と「代謝」。

これは人的要因である。

ヒトの温熱感を決めるこれらを「温熱六要素」という。

温熱の快適感に個人差が生じるのは、着衣の状態だけでなく、「代謝」という体内機能の個人差が伴うからだ。

そこでコンピューター上で人の代謝のモデルである「人体熱モデル」を作る。人体を関節部位で16部位に分割し、体（体核）と皮膚、血管（血流）をモデル化、人体で生じる熱伝導と熱移動をシミュレーションする。

車内環境の実験データをこのモデルに適用することによって、単に車内環境が「高温」か「低温」かというだけではなく、「快適」か「不快」かという個人の「温熱快適感」を、客観的にデータに落とし込んで定量化することができる。

取材日の愛知県刈谷市は気温4度という寒さだったが、実験室の中は灼熱の砂漠を思わせるような熱気と熱射。おもわずくらりよろめいた。

株式会社デンソーの本社敷地内にある実車性能実験室は、温度・湿度を自在に制御出来るだけでなく、太陽光の波長をシミュレートした217個のランプを照射することで、車内に差し込む日射も再現することができる。

部屋の中央に置かれたレクサスLSをまたぐように、頑丈そうな2本のレールが高い天井にアーチを架けていて、このレールに沿ってランプを取付けた面板が可動する仕掛けだ。照射角度はいま60度。真夏の日中を想定している。

まばゆい光をみつめていると、オレンジ色の陽炎が立ちのぼっているような錯覚に陥った。

北米西部の砂漠地帯などをシミュレートするときは、室温をさらに45度C近くまで上げるという。

左ハンドルの運転席には肌色のダミー人形「アメニティマネキン」が座って、じりじりとした日射に照りつけられている。マネキンの体の各部には温度センサー、風速センサー、放射センサー、湿度センサー、合計128個が埋め込まれている。

センサーから送られてくる情報を見れば、雰囲気と日射によって車内の温度が上昇するにつれ、マネキンの表面温度もどんどん上昇していくのが分かるだろう。日射をあびている左の腕や肩、右の太腿当たりの温度はとくに上昇が速いかもしれない。クルマのどこにどのように太陽が差し込み、体のどの部位がどれくらい熱くなるかが具体的に分かる。

そしてエアコンをつける。冷風は体のどの部位にあたり、どれくらいの時間でどのくらい体の表面温度はクールダウンしていくのか。

時間軸にそって克明に測定・記録する。

これを元に乗員の周囲に要求される温度と風速を求め、エアコン吹出口の温度・風速を算出し、エアコンのメインユニットであるHVAC（Heating Ventilating and Air Conditioning）の設計と制御を決定する。

レクサスLSの場合、エアコンに関連するセンサーは外部に2つ、室内に7つもある。

車外環境用は「外気温センサー」と「排気ガスセンサー」。後者は内外気オート切替用である。

車内環境用は「内気温センサー」、「内気&湿度センサー」、2カ所の「日射センサー」、「スモークセンサー」「シート表面温度センサー」そして天井の「IRマトリックスセンサー」。

基本的には車内の現状温度と目標温度の差によってエアコンの作動状態は決まるが、乗員の快適性を向上させるために、温熱感を考慮した何段階かの補正制御を行っている。

外気温の情報から放射の影響を補正、日射センサー情報から日射の乗員への影響を察知して補正。片側から日射が照りつけているような偏日射の場合は、左右席へのその影響も補正する。日射センサーは実際にガラスを通した日射量を測定するから、プライバシーガラスや2重ドアガラス、IRカットガラスなどを装着している場合はそれもエアコン制御にちゃんと反映される。

シート表面温度センサーの情報でエアシート/シートヒーターの作動を制御、さらに後席乗員の皮膚温度・着衣表面温度をIRセンサーで検知し、その状態をフィードバックする。

個人差を許容するため「暖かめ」から「涼しめ」まで、5段階の設定もできる。

輸入車にはファンスピード最速で30分頑張ってもクールダウンできないような「高級車」も存在する。気温だけでなく湿度も高くゴーストップと渋滞の多い日本の都会の夏は甘くない。しかしレクサスLSにはただの一度もそういう不満を感じたことがない。ファンの音さえ、ふと気がついたときには無音になっている。もしあのクルマのオーナーだったら、最初に合わせた温度設定の指示はクルマを手放すその日まで恐らくただの一度も動かさないだろう。

世界一のエアコン。決してそれは偶然の産物ではない。

デンソーの最新エアコン技術

現代のエアコンの目標は「快適性」「小型化」「省動力」の3点である。

快適性に関しては前述の4席独立コントロールや空調・シート連動制御、花粉除去／脱臭機能、シャープの「プラズマクラスター」やパナソニックの「ナノイー」を使った空気清浄システムが各社に採用されている。

「快適性」「小型化」「省動力」に関連するデンソーの最新エアコン技術の幾つかを見せていただいた。

●多機能HVAC

HVACとはHeating Ventilating and Air Conditioningの略で、通常は「エイチバック」と呼ばれている。

HVACはインパネ内部に設置されているエアコンのメインユニットで、通過したエアを冷気に熱交換する一種のラジエーター構造であるアルミ製のエバポレーター、エンジンLLCを導いて温風に熱交換するヒーターコア、電熱線でエアを温める電熱ヒーター、エアを吸引し送風するブロワファン、そして冷暖のエアを混合制御するドア機構、内外気の導入／循環の切替シャッター、それらを納める樹脂製のハウジングなどで構成する。

HVACはインパネ内部の空間に大きな容積を占めるユニットであり、室内足元スペースの拡大や車両軽量化のために小型化を要求されている。デンソーではHVACの新設計の都度小型化を断行している。

小型化のポイントのひとつが非慴動式フィルムドア機構だ。

14年前に取材したときはHVACの冷暖エアのエアミックスはサーボモーターで動かすフラップ式ドアで行っていた。この構造はドアの可動範囲を確保するために大きなスペースがいる。

３代目Ｆ30型ＬＳ（３代目セルシオ）では、一眼レフカメラのドラム式横走りシャッターのように、四角い孔を開けた薄いフィルムを巻き取りながら動かし、フィルムの開口部の面積を連続可変することでエア通路を制御するというフィルムドア機構を採用した。

ところがフィルムが動くときに小さな接触音が生じた。「かさっ」「こそっ」というような小さな音だったらしいが、気になる人には気になったらしい。

そこで４代目Ｆ40型では実に鮮やかな解決策を採用した。

軸を駆動してフィルムを巻き取るのではなく、フィルム巻き取り軸そのものを上下に移動させるのである。畳の上で反物を転がすように、軸は上へ下へと転がりながらフィルムを繰り出したり巻き取ったりして、開口面積を連続可変する。

これならフィルムはケースとスレ合わないから作動音が大幅に減少する。アタマがいい。

設計にあたった同社熱機器開発１部 開発２室 システム開発２課長の奥村佳彦氏によると、フィルムの耐久品質の確保など、開発にはかなり苦心したという。

薄いフィルムドアはエバポレーターとヒーターコアの間にはさまれて運転席／助手席用の左右２ユニットが並んでおり、それぞれに温風用と冷風用のシャッターがついている。エアコン作動中はほとんど常時シャッターは開閉作動している。

デンソー豊橋製作所に置けるＬＳ用ＨＶＡＣの生技のポイントは防音室内で実施する音解析システムを使った作動音の全数検査工程である。

●エジェクターサイクル

非常に沸点の低い液体は常温でも急激に気化して周囲の熱を奪う。冷媒とはそういう物質である。1930年にE.L.デュポン・デ・ネアムズ社が発明したフレオン（CFC、日本での通称「フロン」）は、その後HCFCや現在のHFC（ハイドロフルオロカーボン）などオゾン層に影響を与えない代替フロンと呼ばれるものに変わった。ただし地球温暖化係数は高いので、イソブタンやプロパンなどの炭化水素冷媒など、さらなる新冷媒が注目され始めている。

冷媒が無限にあれば、単にコンデンサーに流し続けるだけでクーラーになる。限られた冷媒を循環させてこれを行うために考案されたのが冷凍サイクル、より正確にはヒートポンプサイクルだ。

気化した冷媒はラジエーター式の熱交換器であるコンデンサーに流して外気で冷すが、夏の高い外気温にさらしただけでは、冷媒が室内から奪った熱をすべて放射することはできない。そこでコンデンサーに通す前に気化した冷媒をコンプレッサーで圧縮する。冷媒は断熱圧縮されて高温になるため、熱い夏の外気でも充分冷えて液化できるのである。

冷媒の温度が上がったのは分子間振動／接触によるものなので、液化したあと膨張弁で急減圧すれば常温に戻る。

膨張弁における減圧時に渦の発生によるエネルギーの損失が生じるが、ベンチュリー管を使った「エジェクター」という簡素な構造をコンデンサー／レシーバーの下流に入れ、減圧時に生じる高圧の冷媒の流速のエネルギーで低圧側の冷媒を吸い出して送り込むという省エネ機構が登場した。

これがエジェクターサイクルだ。

エジェクターが発揮する流体ポンプ効果によって、実験ではコンプレッサーの負荷は雰囲気温度25

℃で89％へ、40℃では76％へと低減、これによって12・0㎞／ℓの燃費が約12・2㎞／ℓへおよそ1・5％向上したという。

エジェクターは減圧エネルギーを利用するのでもちろん動力不要である。冷凍機や給湯器では従来から使われてきたというが、カーエアコンへの採用はデンソーが初。

エジェクターをエバポレーター上部のカバー内に一体収納したのもデンソーのシステムの特徴である。さらにエバポレーターを2層式にして、エジェクターで加圧した冷媒をエバポレーターを通してからコンプレッサーに導入する方式を採用、性能をアップしている。

●蓄冷エバポレータ

アイドリングストップのときはエアコンのコンプレッサーも停止する。ではどうやってエアコンは冷気の吐出を維持しているのか。

一種の保冷材を使う。

HVAC内に設置してあるエバポレーターとは、一般的に冷媒が通るプレートと呼ぶ薄いチューブが縦にぎっしりと並び、そのチューブとチューブの間を細かい放冷フィンが結んでいるという構造だ。空気はフィンの隙間をくぐりぬけるとき瞬間的に冷却される

蓄冷式エバポレーターの場合は冷媒が流れるプレートに接してパラフィン製の蓄冷材がサンドイッチされている。

通常作動時、蓄冷材は冷媒によってきんきんに冷されている。アイドルストップしてコンプレッサーが停止し冷媒の流れが止まっても、エアコンのファンはモーターで回転しているから空気の流れは

止まらない。このとき通り抜ける空気は冷媒ではなく蓄冷材によって冷却されるのである。問題は冷却効果の持続時間。車内の温度が上昇すればそれを検知してエアコンの作動のためにエンジンは再始動する。再始動までの時間が倍に伸びれば燃料が節約できる。

反対に蓄冷はできるだけ早くしたい。

東京都内の典型的な渋滞状況から、冷気の持続時間の目標を1分間、また蓄冷のために要する時間も1分間と決め、冷媒の通るプレートで左右から蓄冷材をサンドイッチする構造を設計・開発した。プレートと蓄冷材がダイレクトに接触しているから蓄冷材は素早く早く冷えるが、通り抜ける空気はプレートを介して間接的に接触するだけなので、ゆっくり放冷するという理屈である。

蓄冷エバポレーターの採用によって、アイドリングストップ中の車内の快適性保持時間は約2倍に伸びた。それによる燃費向上効果はざっと2～3％にもなる。これは結構とんでもない数字だ。

●内外気2層暖房システム

低燃費化でエンジンの発熱量は減少している。エアコンにとっては暖房時の熱源が減ってきているのと同じだ。

冬の車内での問題は効率よく温めるために内気循環モードでエアコンを運転していると、人間が放出する水蒸気によって車内の湿度が上昇し、ガラスが結露すること。これを除去するには通常、外気導入モードにしてデフロスター出口からガラスに乾いた空気を当てなくてはならない。しかし外気導入モードにすると、導入した外気と同じ容積の温かい内気が車外に放出されてしまう。

デンソー特許の内外気2層暖房システムは、ＨＶＡＣを上下2分割し、外気を導入する場合は上側のユニットだけに導いてデフロスターへ送り、下部ユニットはそのまま内気を導入して内気循環を続けるという機構だ。

ようするに内気循環しながら外気導入も出来るという簡単な話なのだが、これによって車外に捨てる暖気を半分に減らすことができるため、マイナス5℃の外気温時の暖房熱量をおよそ20％低減することができるという。

次世代のエアコンはどうなるのか。

「快適性」「小型化」「省動力」に加え、高齢者ドライバーや女性ドライバーの増加によって、快適性の概念にも「健康」「美容」の意識が加わってきている。車内の乾燥やPM2・5などの空気質の問題、長時間運転時の疲労低減なども要求されている。

エアコンの進化はまだまだ止まらない。

2015年3月5日（「ル・ボラン」連載「比較三原則」）

ポルシェ マカン対アウディQ5

執筆時点ではポルシェ社から2014年度のアニュアルレポートは公表されていないが、パナメーラとカイエンを作ってきたポルシェ・ライプツィッヒ工場で2014年の初春に生産を立ち上げたマカンは、2015年の年頭の同社発表によると世界ですでに4万5000台を売ったという。

これによってポルシェの生産実績は一挙13％拡大、年産20万台メーカーに躍り出た（2014年1月～12月実績）。

2002年にカイエン、2009年にパナメーラを発表して年間生産10万台の大台に乗せて以来わずか5年で倍増。ポルシェの経営陣にとってマカンの成功はおそらくポルシェ史の中で最もセンセーショナルな出来事であるに違いない。

ポルシェ・ブランド車の実態はこれによってさらに大きく変貌した。

2013年の生産実績（16万5808台）に占める各車の割合を見ると、カイエンが8万1916

台で全体の49・5％、パナメーラが2万4798台で15・0％、その他5万8782台である。このデータから類推するとポルシェの生産車のざっと75％以上が4ドア車ということになる。モハ者ポルシェはスポーツカーメーカーでもスーパーカーメーカーでもない。

日本でもマカン効果は絶大だ。販売が2014年後半にずれ込んだにもかかわらず、2014年1月〜12月のポルシェの国内登録台数は昨年同期の4869台から5385台へと110・6％増加した。ポルシェが日本で年間5000台以上を販売したのはこれが初めてだ。

マカンは周知の通りMLPと呼ばれるVWのB8プラットフォームを活用して開発したSUVで、車体などの基盤設計／生産技術はアウディA4〜A7／Q5と共用。エンコン＋前後フロア、前後サブフレーム（前アルミ）、Wリンク式ハイアッパー／Iリンク＋Lアームの5リンク式Wウイッシュボーンの前サス、Hアーム＋アッパーIアーム＋トーコンリンクで作る6リンク式（作動力学的には5リンク式）リヤサスなどは、そっくりQ5と共用である。

全車ターボエンジン搭載。

マカンS（3ℓターボ）とマカン・ターボ（3・6ℓターボ）はパナメーラ用に開発したM46型系自社製ショートストローク90度V6。今回借用したベーシックモデルのマカン（616万円）は、VWアウディのEA888型系2ℓ直4ターボに7速DCTおよび電制4WD、電制デフロックを組み合わせる。エアサス、電制ダンパー、トルクベクタリングなどはモデルによってオプションで、今回の試乗車には装備していなかった。

4WDシステムは電制油圧多板クラッチ式で、ユニットは991カレラ4用と同じだという。

Ｑ５も基本２ℓ直４と３ℓＶ６のラインアップだが、３ℓ90度Ｖ６はポルシェとは別設計の自社製ロングストローク版スーパーチャージャー付き。今回借用した２・０ＴＳＦＩはマカンと同じＥＡ８８８／２ℓ直４ターボを使うが、若干出力のスペックが異なる。こちらはＺＦ製８速トルコンＡＴ＋センターデフ式４ＷＤの組み合わせである。

市街地／高速道路走行でダウンサイジング２ℓターボ同士を乗り比べてみた。

両車ともに視界が良く車体がコンパクトに感じ、フラットで安定感のある走り味で乗り心地もまずまず、ぼろの出やすい後席に座ってもボディ剛性感の印象は両車なかなか良かった。

印象を隔てているのは操舵力だ。

Ｑ５がＡ４やＡ６のように軽く滑らかな操舵力／操舵感なのに対し、グリップが太いマカンのＥＰＳは低速からかなり重い。タウンスピードではいささか重過ぎの感もあり、このせいで取り回しの軽快感が低下している。

印象とは裏腹に実際の車重はＱ５の１９１０kg（前軸１０００kg／後軸９１０kg）に対し、マカンは１８３０kg（前軸１０００kg／後軸８３０kg）。なぜか後軸重で80kgも軽い。

この車重差はアクセル開度が小さくエンジン回転域が低いところからの踏み込み加速のレスポンス差に現れている。マカンは１・８トンもある２ℓ車とはとても思えないようなトルク感を発揮し、立ち上がりからぐいぐい牽引していく。

ただしアクセルを大きく踏み込んでも対して変化度合いは少なく、全開に近くなれば当然ながらパワーウエイト比なりの加速になる。

Q5の8速ATはBMW各車などで毎度お馴染みのZFの汎用ギヤセットのままで1・2速のギヤ比はマカンより低いのだが、重量差がたたってエンジン回転3000rpm以下ではアクセル開度に関係なくクルマが重ったるく感じる。一方3〜8速は1・2〜1・3のステップ比でクロスしていてエンジン回転をトルクゾーンにキープするため、7速がハイギヤで3速〜6速のステップが1・2〜1・4と開いているポルシェのDCTに対し、高速域の追い越し加速やドライバビリティは差が縮まって両車ほぼイーブンという印象だった。

ZF8HPの変速感の良さは相変わらずで、この傑作ATの前ではDCTもまったくかすんで感じる。

高速巡航でのフラットな安定感はポルシェがいい。アウディはやや上下動が大きく、段差乗り越えでも伸び側ダンピングがやや不足気味であおられ気味になる。とくに後席に乗ると両車の乗り味の差は明らかだ。

どうもアウディは（A8以外）どのクルマに乗っても、乗り心地のチューニングに荒っぽさを感じることが多いが、マカンのサスにはサスの入念なチューニングの妙を感じた。

とはいえポルシェ・ファンが期待しているような圧倒的な走りの差がアウディに対してあるかといえば、少なくとも常用域の印象では「ノー」だ。

マカンは外観のスタイリングイメージだけでなく、スポーツカーにあるまじき悪しきDNAもまたカイエンとパナメーラからそっくり引き継いでいる。センターコンソール回りのスイッチ、ステアリングなどの操作性人間工学だ。グラフィックばかり優先し使い勝手は無視した最悪のデザインである。

もちろんポルシェ・ファンであれば例えどんなゴミでも喜んで食う。それがファンというものだ。しかし作りの面でも例によって安っぽいマカンのインテリアが世界一インテリアにうるさいアウディ・ファンのハートを魅了できるとは到底思えない。

マカンは世界のポルシェ・ファン／スポーツカーファンに向けたマニアックなSUVである。他方Q5はドイツ（インゴルシュタット）だけでなく中国（長春）、ロシア（カルーガ）、インド（アウランガーバード）、マレーシア（シャー・アラム）などでも生産するVWグループの世界戦略車だ。

両車の棲み分けはこれでそれなりにうまくいっているのだろう。

点数表

基準車＝点数表

基準車＝アウディ Q5を各項目100点としたときのポルシェ マカンの相対評価

＊評価は独善的私見である

＊採点は5点単位である

エクステリア

パッケージ（居住性／搭載性／運動性）	80
品質感（成形、建て付け、塗装、樹脂部品など）	90

インテリア前席

居住感①（ドラポジ、視界など）	95
居住感②（スペース、エアコンなどドラポジ以外）	95
品質感（デザインと生産技術の総合所見）	90
シーティング（シートの座り心地など）	135
コントロール（使い勝手、操作性など）	40
乗り心地（振動、騒音など）	120

インテリア後席

居住感（着座姿勢、スペース、視界などの総合所見）	85
乗り心地（振動、騒音、安定感など）	110
荷室（容積、使い勝手など）	90

運転走行性能

駆動系の印象（変速、騒音・振動、フィーリングなど）	100

ハンドリング①（操安性、リニアリティ、接地感、奥行）	110
ハンドリング②（駐車性、取り回し、市街地など）	90

総合評価	95.0点

総評

この低い総合評価はもちろんインパネのスイッチの操作性を低く評価したからだ。もちろん熱心なポルシェ・ファンならスイッチの操作性などまったく気にしないだろうし、カッコさえよければ内容なんかどうだっていいという向きもあるだろうから、その場合は「コントロール」の項目を除いて再度集計していただきたい。

2015年3月17日（「カーグラフィック」連載「クルマはかくして作られる」）

振動騒音技術と「音」作り

ひょっとするとトヨタにはクルマの音と振動に関することは何でも知ってる「音と振動の神様」みたいな人がいて、その方が作った理論や法則にそってクルマを開発しているのかもしれないとふと思った。「ねじ博士」だって実在したんだから「音振博士」だっているかもしれない。

取材に協力してくださったレクサス製品開発部長の渡辺秀樹さんに尋ねてみると。

「音振の神様もちろんいますよ。ただし1人じゃなくて180人くらいですけどね」

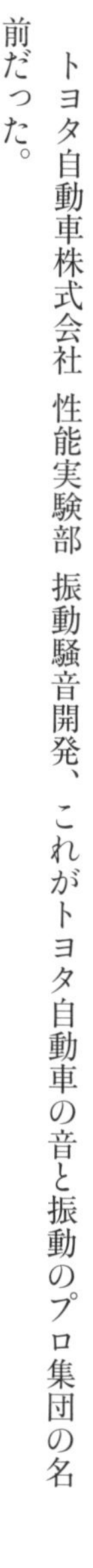

トヨタ自動車株式会社 性能実験部 振動騒音開発、これがトヨタ自動車の音と振動のプロ集団の名前だった。

部署創設50年、本社技術部敷地内の聖域でクルマの静粛性実現のために闘ってきた。マスコミの取材がここに入るのはこれが初めてである。

音と振動のメカニズムの解析と対策、実験と評価だけでなく、心地のいい音の開発へとその仕事の内容は発展し、人生を謳うための音への新たな挑戦も始まっている。

トヨタ自動車　振動騒音開発における見聞を報告する。

愛知県豊田市トヨタ町の技術本館。その向かって右奥、デザイン本館の横という1等地に地味な3階建ての建物がある。

技術4号館。

ここが部署創設以来50年間、振動騒音開発の総本山だ。

振動騒音開発はトヨタ自動車の性能実験部の中のワンセクションである。振動騒音開発室と呼ばれていた時期もあったらしいが、車両運動性能開発、信頼性開発、燃費開発、熱流体開発、車両安全開発、予防安全開発という性能実験部の各部署と同様、現在は「室」でも「課」でもなく「開発」という部署名で呼ばれている。ちなみに北海道にある士別試験場も性能実験部の管轄だ。

振動騒音開発の人員構成は技術員81名と技能員１００名。

クルマの騒音の発生と伝達のメカニズムをつきとめ、実験やシミュレーションで解析した結果などを元に具体的な設計の数値指標を算定し、各設計部所に提示すること、出来上がってきた試作部品を組み立てて試験し評価すること、これが振動騒音開発の仕事である。単に静かにするだけではなく「いい音」「心地よい音」「いい気分になる音」など、音作りの分野も担当している。また車外通過騒音規制への対応も同部所の仕事である。

トヨタ自動車には振動騒音専門の設計部署は存在しないから、振動騒音開発は実験部門でありながら設計にも深くかかわってきた。車体、エンジン、駆動系、サスペンション、内装材、防音材など多くの設計分野と連携しながら行う仕事のため、業務にはクルマ全般に関する幅広い知識が要求される。そのためもあって振動騒音開発部門はこれまでに多くの逸材を輩出してきた。

初代プリウスのチーフエンジニアで現トヨタ自動車代表取締役会長の内山田竹志氏も振動騒音開発の出身。先代S20型クラウンとアバロンのチーフエンジニアだった寺師茂樹氏（専務役員）を始め、歴代チーフエンジニアにも出身者が多く、現行車両ではプリウスの大塚明彦チーフエンジニアがそう。出身者が集まってOB会なども開かれているという。社内の「名家名門」といったところだろうか。

振動騒音開発の梅村英司主査のお話をうかがっていても、伝統と成果、技術・技能に対する誇りが感じられた。

添付の表はパワートレーン、路面、風、補器などに起因して発生し、車内で聞こえる騒音を走行速度別にまとめたものだ。なにもせずに放っておけば、車内ではこれだけの種類の音がするということである。

振動騒音開発の仕事の基本は、こうした騒音の発生と伝達のメカニズムを徹底的に解明すること。駒田匡史グループ長が簡潔に教えてくれた。

まず「振動」。

振動とはある物理量がひとつの状態を中心に周期的に変動することだ。エンジンでは爆発という強制力が周期的に変動し、これによって大きな振動を発生している。

物体が振動すると、周囲の空気を震わせ、空気の分子の分布状態に密な部分と疎の部分が生じ、これが圧力変動の縦波となって伝搬していく。これが可聴化されたものが「音」である。

音は振動の一現象であり、クルマの騒音では音は振動と常にコンビで考える。「振動騒音」「音・振」「NV（ノイズ／バイブレーション）」などと呼ぶのはそのためだ。

エンジンの音はクランクケース側面を振動させ、それが周囲の空気を振動させて騒音を発生するが、同時に爆発の振動はエンジンマウントからサブフレームへ、そしてボディを伝わって車内に入り、何の対策もしていなければ最終的に内装材を加振して車内騒音を出す。

前者を「空気伝播音」、物体の振動が他の物体に伝搬しながらそれぞれの部位で音を発生していく後者を「固体伝播音」という。

振動の高低はご存知の通り、１秒間あたりの振動回数で表す、単位はHzヘルツ。４サイクルエンジンではクランクシャフト２回転で１回の爆発が起きるから、１０００rpmでは１秒間に８・３回の振動が発生する。４気筒なら33回／秒、すなわちこのエンジンからは１０００rpmで33Hzの爆発１次の振動が生じる。

６０００rpmなら２００Hz、12気筒エンジンが８０００rpmで回っているときの爆発１次周波数は８００Hzだ。10気筒時代のＦ１の音がカン高く、いまのＦ１の音が低いのはそのためである。

ただし実際の音は楽器と同じでこの倍、さらに３倍４倍というように整数倍の倍音が生じる。賛美歌でいう「天使の声」は倍音によるハーモニーである。

エンジンが出す５００〜６００Hzの騒音は空気伝播音と固体伝播音がまじったものだが、例えばタイヤ起因のロードノイズでは５００Hz以下は固体伝播音が主体、５００〜６００Hz以上は空気伝播音が主体だという。このように空気伝播音と固体伝播音では周波数が異なる場合もある。

物体には固有の振動数があり、その振動にさらされると共振する。

例えばボディの共振数とサスペンションの共振数やサブフレームの共振点が一致していたりすると、増幅して振動が大きくなる。したがって振動の伝達系においては各部分の共振点を分散しておかないと静かなクルマにはならない。

ある騒音に対して対策するためには振動を生む強制源が何か、その力、音圧、加速度、周波数はどれくらいかをまず突き止める。エンジン音の強制源はエンジンだが、風切り音の強制源は風が起こす振動である。

つぎに振動の伝達系と、その共振、輻射の度合いや傾向を解き明かす。強制源が励起した振動がどこをどう伝わり、どこで増幅／減衰されて車内の耳の位置まで伝わるかの全容を解明しなくては対策はできない。

振動のもっとも単純な物理モデルは床の上に置いたばねの上にウエイトが乗っているあの絵である。ばね定数が高く、質量が重ければ振動しにくい。したがって重いクルマが静かなのは当り前で、軽量で静かにするのが技術である。

静かと感じる音はどういう音か、聞こえても不快に感じない音とはどういう音か、耳で聞く音だけでなくて体で感じる振動も含めそれらが具体的に分かっていれば最適化もやりやすい。

これらを元にエンジンマウントの動ばね定数はこれくらい、ステアリングコラムの剛性や共振周波数はこれくらいというような具合に強制源、伝達系の各部に対してひとつひとつの振動伝達系の部材について具体的な設計的目標を決めていく。これらの作業の集積によって作られるボディーやその部材が騒音を伝達する度合いやその傾向を振動騒音開発では「ボデー感度」という用語で呼んでいる。「ボデー」はトヨタの伝統的な技術用語である。

「ボデー感度が高い」とは、振動しにくく、構成部品の共振点が分散されている設計のことだ。

すなわち

クルマの振動騒音＝強制力 × ボデー感度

である。

おとなりの技術12号館3階北実験場でシェーカー加振試験の様子を見せてもらった。実際のボデー感度の測定方法のひとつである。

実車のエンジンマウントやサブフレーム、サスペンションのタワーバーなどにシェーカーと呼ばれている振動発生装置を取り付けて振動させ、ボディ各部に設置した加速度ピックアップ（センサー）によって、どの部位がどの方向にどれくらい振動しているのか、ボディの振動モードを計測・解析する。

加振力は60〜100N。30〜200Hzくらいのsin波をスイープさせながら加振させる方法と、いろいろな周波数がまざったランダムノイズを短時間入力し、自由振動させる方法がある。

ある試作車の試験例では、サスメンバー左右のエンジンマウント位置にシェーカーを取り付けて20〜25Hzの低周波で加振したとき、左右のサイドメンバーがバタ足を打つように互い違いに上下振動していることが判明した。サイドメンバーの先端についているバンパービームが左右にねじれるような動きだ。

さらに上方向から見ると、左右のサイドメンバーが同時に同じ方向に折れ曲がるようにも振動していた。

すなわち捩じれと左右曲げが連成した振動モードである。

このクルマのボデー感度を上げて低周波で振動しにくくするためには、①サイドメンバーの剛性を上げる、②サイドメンバーのバルクヘッドへの結合剛性を高めフェンダーを支える左右トップサイドの板厚をアップする、③フロアの剛性アップなどを行うなどの対策が考えられる。

ボディ剛性とその強化の話と同じようにも聞こえるが、操安性などに関係する通常のボディ剛性が静的な入力に対する捩じれや曲がりなどの変位を測定しているのに対し、この場合は振動に対する変位を見ている点が異なる。「静的剛性」に対して「動的剛性」と言ってもいい。静的剛性を向上させれば動的剛性も上がるというが、静的剛性同様やみくもに強化すれば重量とコストの増加を招く。

振動対策の場合は振動モードを連成させないこと、上記の例のように曲げなら曲げ対策に集中するのがひとつの方法だという。また局部的な変位を許さずバランスよく変位させることもポイントだ。

少し離れた外山地区と呼ばれる場所に振動騒音開発の車外騒音実験棟がある。こちらはバブル期、初代セルシオの開発のころに出来たらしい。

半無響室と残響室で、音響加振試験の様子を見学した。

さきほどは固体伝播音に対するボデー感度の測定だったが、半無響室で同じく実車を使って行っているのは空気伝播音に対するボデー感度の測定である。

エンジン騒音を測定するにはエンジンをかけ室内のマイクで測定するのが普通だ。ロードノイズはタイヤをローラー上で回転させて車内で騒音計測する。風切り音は風洞の中で測定する。

しかしここでは実に面白い方法を使っている。音には相反定理があるからそれを利用する。エンジン騒音を車内で聞くのではなく、車内騒音をエンジンルームで聞くのである。

車内のスピーカーから騒音を出し、エンジンルーム内のマイクロフォンで測定すれば、車内でエンジン音を聞くと同じボデー感度のデータが得られる。

この方法の利点は音源が室内固定にまま動かさずにすむことである。

車内で生じるノイズをタイヤ近傍のマイクで拾えばロードノイズに対するボデー感度が分かり、テールパイプに向けた指向性マイクで測定すれば排気音に対するボデー感度が測定でき、ドア外部の14本のマイクロフォンで聞けば風切り音に対するボデー感度が測定できる。

実際にはスピーカーから出ているのは400～10KHzのランダムノイズや30～100Hzの低周波のスイープ音である。

エンジンルームではクランクケースの側面、インテーク付近、スロットル付近など5カ所にマイクロフォンを設置するというが、この測定結果からスロットル付近で発生する音がとくに室内に届きやすいことが分かったという。これはサウンド作りに利用している。

半無響室のとなりには五角形のフロアの残響室がある。両者は壁一枚で接続していて、窓をあけて互いに連通できるようになっている。

この連通部に例えば実車から切り取ってきた遮音材と吸音材つきのバルクヘッドを置く。残響室側からスピーカーで音を出し、半無響室側で透過してくる音を測定すればバルクヘッドの音の透過性の感度が分かる。

バルクヘッドにはステアリングのインタミシャフトやペダル、配管／配線などが通る孔があいていて、そこが騒音の抜け道になっている。その影響度を調べるにはひとつの孔だけをのこして他を塞ぎながら1ケ箇所づつ透過音を計測していけばよい。対策の考案も同じ手順だ。遮音材、吸音材の防音効果もテスト可能。これら部材ごとのデータを集積すればボデー感度の把握とその改良をさらに具体的に知ることが出来る。

欧州の通過騒音規制の改正が迫っており、タイヤメーカーは走行音低減などの対応に追われているが、外山地区にはおどろくほど大掛かりな車外騒音の屋内実験場があった。ここでも相反定理が利用されている。

ボデー感度のチューニングによってサウンドを創出することができる。

技術本館裏の技術12号館4階にある「サウンドシミュレート室」は、規模は小さいが無響室構造になっている。特注特性と思しきふたつの巨大なウッドエンクロージャーのスピーカーボックスの前には、なんとロジクールのゲーム用ハンドルコントローラーと3面のTFTが設置してあった。

画面に映っているのは野山をいくレーシングコースだ。

技能員の方が運転を開始すると、ＬＦＡのあのサウンドが部屋の中で炸裂した。コースもどうやらニュルブルクリンクの北コースらしい。無響室に設置してあった各種マイクなどを作っているデンマークの音響計測機器専門メーカー、ブリュエル・ケアー（Bruel Kjaer）社のソフトウエアだそうだ。

素晴らしい快音は実車から録音したものだが、デジタル処理によって騒音の発生源や周波数別に音を分離している。したがって周波数別だけでなく、音の発生源別や種類別に自由にカットしたり音圧レベルを変えたりすることが出来る。

エンジン音を強調する手法としてはインマニを等長化して吸気音を響かせるとか排気管のチューニングをするなどの方法がお馴染みだが、このシミュレーターで試してみると、路面起因のロードノイズなどや風切り音などの暗騒音を低減させるとエンジンの音がよりはっきり聞こえてくることが分かる。

もちろんエンジンが発する音すべてが「サウンド」なわけではない。

エンジンマウントなどから伝わってくる低周波のこもり音、低回転でのゴロゴロといった中周波音、打音のような中高周波音、エンジンブロックから出る空気伝播の高周波の放射音、悲鳴を上げるような特定のピーク音などは、場合によっては心地よい音ではない。これらをカットすれば、中周波である吸排気音が際立ってくる。気持ちのいいエンジンサウンドは中周波の強調がポイントらしい。

これを「ノイズクリーニング」と呼んでる。

エンジンの低周波騒音を実際のクルマにおいてノイズクリーニングするには、エンジンマウントの動ばね定数ダウン、ブラケット剛性アップ、ボディシェルの剛性アップなどが有効だ。高周波音はエンジンブロックの剛性を上げたり、ヘッドカバーを樹脂化したりすれば低下するし、前述のバルクヘッド回りの空気の通り道のシーリングや防音材の質量アップなどによって低減できる。

中周波に対するボデー感度を上げるために、フェンダーやカウルを共鳴室として利用する手段も行われている。

ドラゲー形式のシュミレーションでニュルのような生きたダイナミックな道を走りながら音を聞き、どの周波数のどういう音をどれくらいカットし、どういう周波数のどんな音を強調すればより心地よく上昇感や加速感などを感じるサウンドを創出することができるのか、ここではそれを考えているのである。得られたデータは設計各部門に提示する各部材の共振周波数やその音圧レベルなどの数値的目標の設定の参考になる。

高級車であるレクサスLSでは当然ながら徹底した振動騒音対策を採用している。

車内に入ってドアを閉じたときの重厚なドア閉じ音。閉じた瞬間のシーンとした車内の静寂感。

エンジン始動時の静かさはもちろん、ハイブリッド車では停止時の振動も低さも印象的だ。100km／hクルージング時のLSの車内騒音はヴィッツと比較すると音のエネルギーにして1／8～1／10に相当する10dBも低減しているという。

ノイズクリーニングで静かになったその車内に、サウンドの味付けを行っている。

手法は大別4つ。

加速して行くときのエンジン音の変化は、エンジンの爆発の振動である爆発1次成分だけの場合、ブオーっというすっきりしているが単調な変化である。実際にはここに整数倍の倍音が2次、3次と加わって行くが、ノイズクリーニングで雑音を消すなどのチューニングによって、爆発成分の各次数が和音となってハーモニックに響き立体感のあるエンジン音変化にすることができる。

さらに1・5次とか2・7次といったハーフ次数の周波数を加えると、フロロロロローッというような躍動感のある音が聞こえてくるという。

声紋というのは周波数の固有のパターンだが、エンジン音でもある周波数帯域の音を2つ以上で強調すると声色の特徴＝フォルマントが生じる。レクサス車にはレクサス車固有の声色を与えているらしい。

音像の定位感、奥行きの演出もしている。

これらをさらに能動的に行うのがＡＳＣ（アコースティックサウンドシステム）である。


ＡＳＣの開発を担当している林毅主幹がアクセルを踏み込むと、フオーッと上品にソフトに響いていた本来の排気音の中に、どこか骨の太い力強いウオオオーッというバックグラウンドが加わった感じがした。ノイズクリーニングで消えてしまっていた爆発の振動の周波数の高次成分などを、あらかじめ構築しておいたサウンドデータを使って、インパネ内部に仕込んだスピーカーでエンジン回転のＣＡＮ信号に同期して鳴らし、実際のエンジン音にかぶせてそれを補完しているのだ。

スピーカーの音？　そんな感じはまったくしなかった。百戦錬磨のスポーツカー乗りだって、まさか合成音が実際の音にかぶっているなどとは気がつかないだろう。

「スピーカーじゃなく『空気振動アクチュエーター』と呼びたいですが」

ＬＦＡのサウンド作りにも参加した林さんはクルマも楽器もロックも哲学も大好きというユニーク

な方で、所有しているジュリア時代のアルファロメオの音からもさまざまなインスピレーションを得ながら、日々ＡＳＣの音作りに邁進している。

雨はどんどん激しくなってきたが、技術部のテストコースで試験車に同乗できる機会なんて滅多にない。ＲＣ３５０は左ハンドルの北米仕様で、日本仕様でナノイーがついている場所にＡＳＣのスピーカーがついている。

直線を踏み込んで低回転域から加速して行くと、芯のある力強いエンジン音に、ウロロロロローっという脈動音が重なって聞こえた。いかにもスロットルが開くことによって吸気管の中をエアが流れて行くような感じだ。

ハーフ次数成分を積極的にスピーカーで出しているのである。

回転があがっていくと、高回転域の手前から音色が裏返った。

クオーン、コーンだ。

レッド寸前ではエンジン音はカーンに近い。

高域で雲が晴れて「カムに乗る」まさにあれ。高い周波数域の相互に調和しない数10種類の音を高回転域で固めて出すことでこれを表現しているという。

輸入車の中にはＢＭＷ .ｉ８のように指差して笑いたくなるようなわざとらしい人工エンジン音を恥ずかしげもなく鳴らしているスポーツカーもある。しかしこのＡＳＣは別格だ。その秘密と違いはなんだろう。

音は回転だけでなくアクセル開度にも同期している。オフると１次２次の音が強調され、踏むと高次の高音が出る。

インパネ内部というスピーカー位置も重要だ。同じ音でもドアスピーカーから鳴らしたのでは不自然になるらしい。

また実際のエンジン音に対して、ＡＳＣの音は何ミリ秒かタイミングを遅らせているという。それによって空間の広さや奥行きのサラウンド感を出している。

高速巡航などの定常走行であってもエンジン回転は微妙に変化するし、ロードノイズや風音などもあるため単調な感じはそれほどしないが、ドラゲーなどでも体験できるように人工音の場合は同じ音がウォーンと和音で鳴っていると途端に単調に思えてしまう。そこでＡＳＣではわざと定常走行時に1次2次の周波数を変動させて、無意識下で感じるくらいの音の揺らぎを創出しているという。

試乗車にはアルファ乗りならではという試作段階の演出も入っていた。

全開からアクセルをオフった瞬間、どこか遠くで低くフォロフォロフォロという未燃焼ガスが吸い出されるような排気の音がするのだ。カーン、ホロホロ、カーン、ホロホロホロ、あれだ。

停止時のブリッピングでは、ウォンとはね上がるエンジン音のどこかにシュコッ、フシュッというような気流音が聞こえた。まるでウエーバー・ツインチョークである。

速度感を感じる視覚。加速度を感じる触覚。これに音を感じる聴覚が加わり三位一体になることによって「加速感」という統合運動知覚がはっきりとした輪郭を形成すると林さんは主張する。言葉は難しいけどまさにその通りだ。速度感と加速感と躍動する音のコンビ、これこそ我らが大好きなクルマそのものなのだから。

帰りのクルマの中でとっくに忘れ去っていた大昔のあのわくわくするような思い出が蘇ってきた。

中速域から踏み込んだときのフェラーリ・デイトナの泣きたくなるような壮大華麗なシンフォニー、トンネルラム付き350クリーブランドの全開加速の恐ろしくも凄まじいフシャーッという吸気音、マクラーレンＦ１の壮絶な瞬間ブリッピングの音、そして5センチ背後で8ℓ・Ｖ8・800㎚が爆発するあの音。サウンドと形容するのはなまやさし過ぎるくらいの衝撃音。

まだ見れる夢もクルマにあるかもしれない。ＡＳＣの可能性にそう思った。

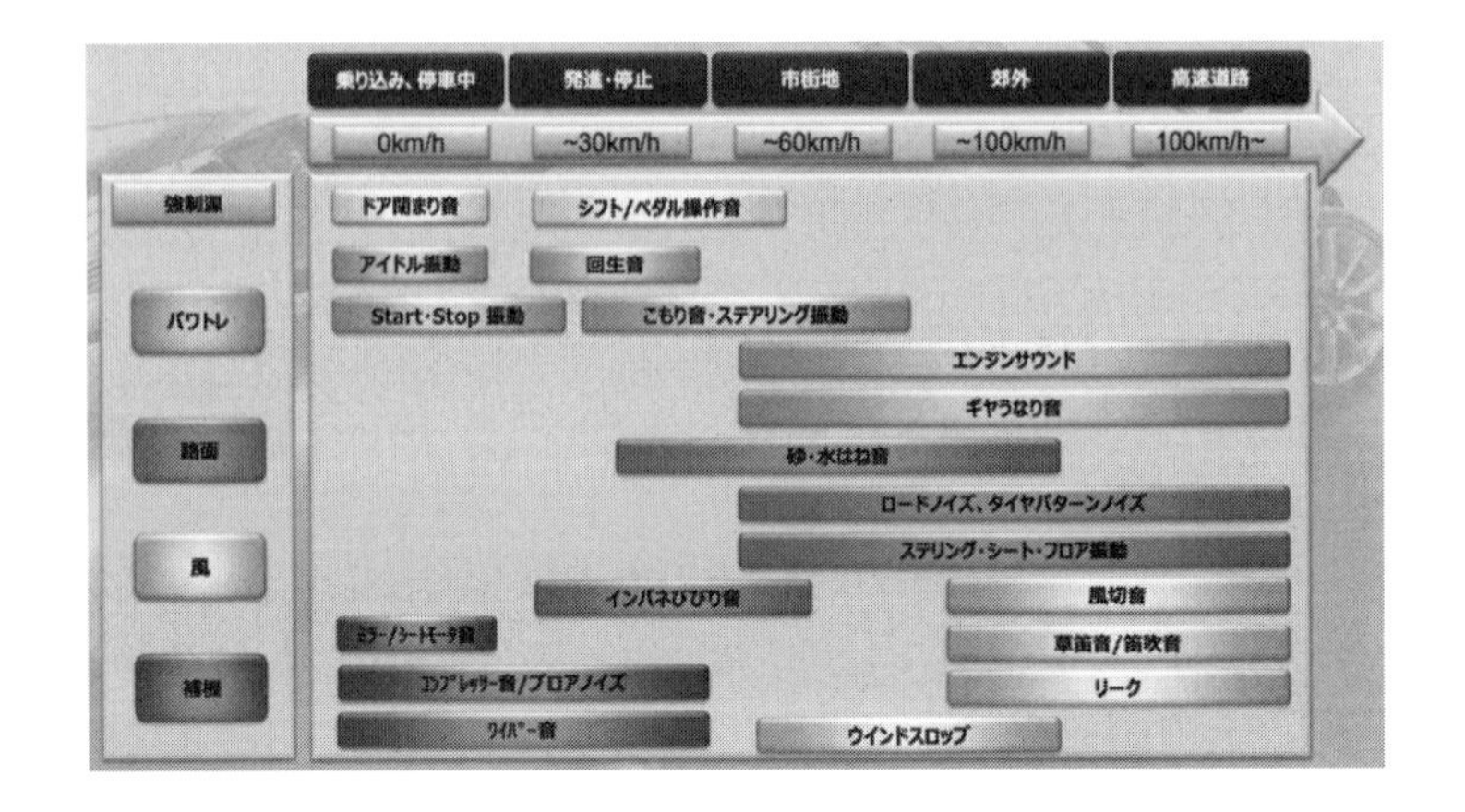

車内で聞こえる主な騒音を走行速度と発生源別に整理したグラフ。振動騒音開発における評価項目はさらに沢山あるらしい。黄色は車内から出る音で、「ペダル操作音」とはペダルを踏み替えたときに出るボコンという音のこと。ピンクはパワートレーン起因で、茶は路面起因、灰色は補器類の音だ。「ミラー／シート音」は電動作動のウイーンである。確かにあれも「騒音」だ。風起因の騒音の「草笛音／笛吹音」とはグリルとフードの隙間から出るようなホロホロホロっといった音のことで、量産車では出てはいけない音である。「リーク」はドア周囲などから空気が漏れてガラスが少し開いているときのような音が出る現象で、これも量産までに直す項目である。「ウインドスロップ」は４ドア車のリヤウインドを開けたときや、サンルーフを開けてスポイラーを下げたときなどに生じるボボボボボという車内の空気の振動の、あの音のことらしい。これが分かっただけでも今月のＣＧを買った価値ありましたね。（図版：トヨタ自動車株式会社）

２０１５年３月26日（モーターファン別冊「マツダ・ロードスターのすべて」）

The Day of the Jackal

運転席に座った山本さん、おもむろに体をひねってロックをはずすとソフトトップの縁を左手で持って、ボールを投げるようなスイングで引き上げた。幌がテントみたいにするするするっと引き出されて瞬時に展開し、ウインドシールドを囲むAピラー＋ヘッダーにしゅったっと吸い付く。かちんというロック音が聞こえた。

ふえ～、これじゃジャッカルの日じゃないか。

フレデリック・フォーサイスが１９７１年に書いたベストセラー小説をユニバーサルで映画化した「ジャッカルの日（１９７３年）」にホワイトのアルファロメオ・ジュリエッタ・スパイダーが出てくる。

スカリオーネがデザインしたクーペをピニンファリナがオープン化したモデルで59年にマイチェンして以降の後期型だ。時代設定は１９６３年だから考証はぴったりである。

１９５８年に第5共和制を確立してフランス大統領に就任した第二次世界大戦の英雄シャルル・ド・ゴールは、19世紀前半からフランスの植民地だったアルジェリアの独立を容認し、これによって国内右派の猛反発を買った。その一派である過激派組織が「ジャッカル」という暗号名のプロの殺し

屋をやとってドゴール暗殺を企てるというのがフォーサイスのストーリー。

22口径リムファイア弾（注1）を使う単発式の狙撃銃を特注し、イタリアで借りたレンタカーのジュリエッタ・スパイダーの排気パイプの中に分解して隠す。ジェノバから海沿いを走ってサンレモの先のグリマルディの国境から陸路フランスに入るという作戦だ。ポンテ・サン・ルドヴィコの国境検問所はイタリアからモナコ観光に行くときに必ず通る有名なポイントである（＊1）。

モンテカルロをこえ海岸ぞいを30キロほど走ったらニース。名門ラ・ネグレスコ（＊2）のロビーにある電話で組織と連絡を取ったジャッカルは、フランス警察に捉えられた仲間の一人が拷問に堪え兼ねてジャッカルの名を漏らしてしまったことを伝えられる。

進路を転じ、あわててイタリア国境方向へと引き返えし逃げようとする。

そのときあの三叉路に出るのである。

左に行くとパリ、右に行くとイタリア（＊3）。

暗殺計画を中止してイタリアに逃げ帰るか。危険を冒して狙撃作戦を強行するのか。

もちろん現実のドゴールは暗殺などされていないのだから、この企てが失敗に終わることは誰の目にも明白だ。そこがこのお話の面白いところである。パリに向かうルートとはどう考えても主人公の破滅への道なのである。

一瞬の逡巡のあと、ジャッカルは上体をひねってオープンに開け放っていたソフトトップを片手で引き出して一気に閉じ、ロックをかけて左へ、パリへ、彼の運命へと走り出す。

南仏の太陽を満喫していたオープンカーの幌を引きトップをかけるというその行為が、陰鬱で過酷な物語の展開を暗示するのである。

さーすがフレッド・ジンネマン。

ていうかこれを見たら誰だってまず、ふえ〜、ジュリエッタ・スパイダーの幌は片手で閉まるのかとびっくらこくだろう。

ジュリエッタ・スパイダーの幌が片手で閉まるのはソフトトップの目的がそもそも風避け程度のものので、幌も薄くフレームも華奢だったからだ。当時の「スパイダー」とは戦中戦後の英国の「ライトウエイトスポーツ」と同じで基本的にはオープンで走るためのクルマだった。

4代目ロードスターもその伝統を継ぐ正統派だが、幌は当然ながらもっと頑丈だ。

閉じればピンと張って空力も良さそうだし、走っても遮音性は悪くない。西川ゴムの納入品なのかどうか分からないが3分割のウエザーストリップも見るからにノウハウがありそうな設計形状だ。

それでも片手ですいすい開閉とはフレーム構造、シール構造、幌材質、支持と張りの設計的工夫などの集大成に違いない。

横浜で開催されたロードスターの報道向け事前試乗会の当日は締め切り明けで、朝から体調が優れずめちゃめちゃテンションが低かった。プレゼンが始まったときはいよいよもう死にたいような気分で、今日は乗らないで帰ろうと半分決めていた。

しかし山本さんが片手でほいほい幌を開閉するのを見て驚き、インパネのデザインとシートの出来の良さに感心しているうちに具合が悪いことなんかすっかり忘れてしまった

試乗に出かけ、海を見ながら横浜の新港をオープンで走った。

ああ。

なんて素敵な。

これぞ本物の。

それと新設計の6速マニュアルだ。シフトもクラッチも死ぬほどいい。

いつの間にか笑ってた。天国の気分だった。

行くべきかやめるべきか、あなたが交差点で止まってまだ迷っているならこう言いたい。

いっちまえいっちまえいっちまえ。

幌を開けて右へ、イタリアへ、太陽へ、自由が待っている未来へ。


おまけ：Ｇｏｏｇｌｅストリートビューで見る「ジャッカルの日」

（＊1）有名な伊仏国境検問所へはまず「21Promenade Reine Astrid 06500Menton, France」で飛んで、黄色いＤ６３２７沿いに２００になってくらい東に戻るとを見ると映画に出てくる検問所が見れる。

（＊2）創業１０２年の名門ホテル Le Negrescoは「37Promenade des Anglais 06000Nice, France」。いまも映画をロケした１９７２年と寸分変わっていない。

（＊3）有名なこのシーンのロケ場所は、以前モナコをドライブしているとき偶然見つけた。モナコの山側のボーソレイユを走るＤ51モワイヨン・コルニッシュ道路ーアゲルボル通りを東に進んだ先の、リカール（Ricard）の交差点だ。「1551Route de la Turbie 06190Roquebrune-Cap-Martin, France」

で飛んだら、そのすぐ左である。ジュリエッタはアゲルボル通りを西から登ってきて、ここで決意して左へ大きくターンするようにD２５６４へ入っていく。もちろん「左パリ、右イタリア」なんてアホな看板は実際には存在しない。ストビューではあんまりピンと来ないかもしれないが、真後ろのアゲルボル通りにふりむけば、まさにこの場所だと分かる。

（注１）画面で見るとWMRのニックネームで知られるウィンチェスターの.22リムファイア・マグナム（５・５×27㎜R）だ。標準仕様は40グレイン（２ｇ）の弾頭で初速２０５０ｆｔ／ｓだから銃口エネルギーは４５０Ｊ程度、警察官のニューナンブ用.38スペシャル（６００〜６８０Ｊ）や自衛隊９㎜拳銃の９×19㎜パラベラム（５００〜６８０Ｊ）などの拳銃弾より非力である。同じ22口径だが自衛隊もゴルゴ13も使ってる.223ＮＡＴＯ弾（５・56×45㎜）の運動エネルギーは１５００〜１８００Ｊである。

photo:Google Map

2015年4月5日（「ル・ボラン」連載「比較三原則」）

BMW 218i アクティブツアラー対 メルセデスベンツ B180 Sports

3気筒1・5ℓから直6・3ℓまで、縦置き／横置き用のガソリン／ディーゼルターボエンジンの設計と生産基盤を共用するというモジュラーエンジン構想。ブランド初の横置きFF車をミニと共用するUKL1プラットフォーム戦略（UKL：Untere Klasse＝アンダークラス）。

3代目ミニに続いていよいよデビューしたBMW初のFF車がベンツBクラスと車体寸法までほとんど瓜二つの対抗コンセプト車だったのは衝撃的だった。BMWのFF戦略のねらいがベンツの追撃・対抗であることがあからさまになったからである。

ベンツが突き進んでいるのはローラー作戦。あらゆるライバルが有する車種を設定して世界中で生産・販売するというトヨタと同じ世界制覇方式である。

FFモデルの設計／生産基盤としてシャシとパワートレーンを刷新したMFAプラットフォーム派生車も、2011年デビューのBクラス（W246）を皮切りに、A（W176）、CLA（C117）、GLA（X156）とわずか4年で急速にラインアップを拡充、しかもドイツだけで生産しているのはこのうちＧＬＡだけ（ラシュタット工場）で、Ｂはラシュタットとハンガリー（ケチケメート工場）、ＣＬＡはハンガリーとインド（チャカン工場）、Ａクラスはラシュタットとハンガリーに加えてフィンランド（ウーシカウパンキ工場）とメキシコ（アグアスカリエンテス工場）でも作る。

車種の開発だけでなくニュープラットフォームの生産拠点も世界5カ所で短期間に立ち上げたのだから、その投下資金と労力は凄まじい。

この強力な世界戦略によってダイムラーは4年連続で世界販売台数記録を更新、２０１４年（1月～12月）も前年比12・9％アップの１６５万台を記録した。うち29・0％に相当する46万３５１２台がＭＬＡプラットフォーム派生車だ。

日本国内の販売においても２０１４年暦年統計（1月～12月）でついに6万台の大台に乗ったダイムラーの販売のうち、26・8％の2万２６７２台がＦＦモデルだった。

Ａクラス＝９６４１台、Ｂクラス＝４４９５台、ＣＬＡ＝４３７６台、ＧＬＡ＝４１６０台である。２０１５年1～3月はＡ／Ｂクラスの販売台数が落ちたが、代わりにＧＬＡが躍進した（２０１４年度６２３６台）。

次々にニューモデルが登場しても数字を維持する、これがベンツ・ブランドの脅威だ。出来がよかろうが悪かろうが、とにかく出しゃなんでも売れるのだから調子に乗るのも無理はない。

ＢＭＷはこれに対して真っ向から勝負するつもりである。これは技術の競争なんかではない。ブランド力の競争だ。だせばだまって買ってくれる、それほどのブランド力がはたしてＢＭＷにあるか。なければＢＭＷに未来はない。ベンツと争うには企業生命を賭けなくてはいけないのである。

今後アクティブツアラーに続いてAクラスやCLA、GLAなどを要撃するモデルを順次出して行く可能性は大だが、ダイムラーは2020年までにラインアップに30車型を追加すると公表している。

試乗車は標準仕様（332万円）より41万円高い「ラグジュリー（381万円）」。電動シート+シートヒーター付きの本革シートが標準だ。このクラスでは珍しい明るい配色も設定しており、広々としたインテリアは上級車並みの雰囲気である。とりあえずショールーム商品力はかなり高い。この明るい内装なら、となりのi3がかすむ。Bクラスとほぼ同じボディサイズだが、茫洋とした巨大感のあるベンツに対しコンパクトでキュートで魅力的なクルマに見せるスタイリング手法は巧みだ。ドラポジ、操作系、後席居住性と使い勝手など申し分ない。後席はこのクラス最高の出来だ。

比較試乗したBクラスはマイナーチェンジ版である。

大変貌を遂げたEクラスとは違って内外装に大きな変化はない。日本仕様は全高を1545㎜に落としたうえ、GLAでも採用した乗り心地重視のサスペンション・セッティングを導入、走り味が多少改良されていた。

Bクラスでデビューした横置き270型1・6ターボは、燃費セッティングの7速DCTのせいもあって低速／低アクセル開度でトルクのパンチがなく、走りに関しては不満が多かったが、CLAあたりからかなり改善されてきた。今回も同様で、低回転からの踏み込み時のトルクのつきがよくなり、レスポンス感は初期モデルより大きく改善されている。

ただし試乗車は車検証記載値で車重が1510kg（前軸920kg／後軸590kg）もあるし、DCTは普通のアクセル開度でも各速2000rpmあたりまで引っ張るから市街地燃費は期待できない。C

クラス系の縦置き＋トルコン7速AT版の力強さや116i／120iの縦置き1・6ℓターボ＋8速ATの洗練された走りと比べてしまうと、まだまだおよばない感じだ。

BMWの新しい3気筒1・5ターボは失望の一言である。

218iはミニ同様220Nm／1250～4300rpmのチューンだが、こちらも車検証記載値1490kg（前860／後630）、ミニ3ドアより290kg、5ドアより200kg、ゴルフ1・4より170kgも重い。

アイシンAW製6速ATの各速ギヤ比はミニと共通で、ファイナルを3・683から3・944へ7%ほど下げただけだから、いかなるシーンでも絶対的にトルクが不足気味。防音対策のおかげでエンジンのゴロゴロした振動感は封じてあるし、変速もショックレスで悪くないが、B180のトルク感には遠くおよばない。同じアイシン6速ATを使うプジョー308の3気筒1・2ℓターボの驚異的な力強さとスムーズさ（ただし燃費は悪い）の前には面目丸つぶれである。

アクティブツアラーで走りが期待できるのは2ℓ4気筒ターボ350Nm＋アイシン8速ATの225i。しかし4WD仕様で494万円と320dに手が届いてしまう。それなら320dッズの方が5倍いい。

3シリーズ／5シリーズの半数がいまやディーゼル、X3に至っては9割ディーゼルという日本のBMW販売実情、本国のアクティブツアラーにも330Nmの2ℓ4気筒ディーゼルターボ＋8速ATの218d、さらに400Nm仕様の220dがある。これをもってこない限りベンツFF軍団のラインアップの魅力にはショールームの中でしか太刀打ちできないだろう。

点数表

基準車＝点数表

基準車＝ベンツB180スポーツを各項目100点としたときのBMW218iの相対評価

＊評価は独善的私見である

＊採点は5点単位である

エクステリア	
パッケージ（居住性／搭載性／運動性）	125
品質感（成形、建て付け、塗装、樹脂部品など）	105

インテリア前席	
居住感①（ドラポジ、視界など）	120
居住感②（スペース、エアコンなどドラポジ以外）	85
品質感（デザインと生産技術の総合所見）	110
シーティング（シートの座り心地など）	100
コントロール（使い勝手、操作性など）	115
乗り心地（振動、騒音など）	95

インテリア後席	
居住感（着座姿勢、スペース、視界などの総合所見）	130
乗り心地（振動、騒音、安定感など）	90
荷室（容積、使い勝手など）	100

運転走行性能	
駆動系の印象（変速、騒音・振動、フィーリングなど）	90

ハンドリング①（操安性、リニアリティ、接地感、奥行）	105
ハンドリング②（駐車性、取り回し、市街地など）	95

総合評価	104.6点

総評

パッケージ、操作性、ドラポジなどでアクティブツアラーを、走り、乗り心地、エアコンなどではBクラスをそれぞれ高く評価した。実際に乗り比べた印象は確かにこの平均得点通りの感じで、ショールームでは圧倒的な218iの商品力は、乗るとかなり裏切られる。

2015年4月17日（「カーグラフィック」連載「クルマはかくして作られる」）

最新防音材技術

エンジン、駆動系、路面に接するタイヤ、走行風。自動車が走ればそれらの強制力によって騒音が発生する。

車内に進入する騒音を低減する自動車の防音技術は、大別すると「防振」「制振」「遮音」「吸音」の4つである。

前2者は自動車の構造設計にも深く関係しており、それらを低減しようとすると質量と背反しやすい。またエンジンの出力が上がれば強制力もアップして騒音・振動ともに大きくなるし、ハイブリッドやEV車ではモーターから高周波ノイズが生じる。最新の技術を駆使したとしても、静かで軽いクルマを作るのはやはり簡単ではないのである。

これに対し「遮音」「吸音」は、設計構造に対しアドオンで搭載可能な防音材技術で、効果的で軽いという優れた特質を持つ。

したがって現在のクルマは、車両の基本設計の段階から制振材、遮音材、吸音材などの防音材を適材適所、最適化して使用することを前提に軽量化を目指している。防音材の技術は静粛性や快適性だけでなく、省燃費やCO_2低減などにも大きく関わっている。さらに車外騒音の低減にも防音材の技術

が期待されている。

自動車の防音材のトップメーカーである日本特殊塗料株式会社に、最新の防音材技術を取材した。

どこもかしこもぴっかぴか。壁には油染みひとつない。明るいグレーの床を見ると顔が映りそうだ。

つい先日稼働したばかりで、開所式もまだという茨城第2工場の建屋の中では、「IFP-R2」と命名された新世代の防音材設計・製造技術を使ったカーペットアンダーレイヤーの量産に向けての準備が着々と進められていた。

さて吸音材の素材がなんだかご存知だろうか。

「わた」である。

PET（ポリエチレンテレフタレート）繊維、熱を加えると溶融するポリエステル繊維、そして綿やPETやアクリルなどのさまざまな繊維が混在した古衣料に難燃加工を施した素材、そして各工程で出た再生材。この4種類をベールブレイカー、撹拌機などの機械に投入し、無数の針を立てた回転式ドラムで繊維を粉々に引きちぎって糸単位に戻していくと、最後にはわたになる。

隣の部屋でこのふかふかのわたを型に充填していた。

円筒形の型のは何カ所かにおおきな四角い凹みがあって、内側からメッシュを通してエアで吸引している。わたは吸われて凹みにどんどん充填され、円筒をくるむようにだんだん太っていく。

出来上がったフェルトを拡げるとふかふかのマットのところどころが四角く高くビルのように盛り

上がった奇妙な代物になっていた。

これをオーブンにいれて赤外線で加熱、取り出してカーペットを重ね、上下から可動型でぺったんこに押しつぶして一体成形する。完成するのはフロアにぴったり沿うような形状をしたカーペットだ。厚みは2センチほどだが、山を押しつぶした部分はフェルトの密度が何倍も高いことになる。ちょうど乗員が足を置くフロア部分である。

密度の高い箇所はしっかり硬く固まるから足を乗せてもぶわぶわしない。しかもフェルトの密度が高ければ吸音性能が向上する。

防音が効果的な部分を集中的に高密度化するなら吸音効果を最適化することができて、ただでさえ軽い吸音材がさらに軽くなるというのである。

期待していた通り、防音材の技術はさらなる進化を遂げていた。

日本特殊塗料株式会社にうかがうのは2007年2月以来2度目。前回の取材では同社愛知工場（愛知県知立市）、静岡工場（静岡県御前崎市）、そして協力メーカーである株式会社中外の三好工場（愛知県みよし市）で制振材、遮音材、吸音材の生産風景を見学した。

今回の取材には日本特殊塗料株式会社・最高執行責任者である酒井万喜夫社長が東京都北区の本社からわざわざいらしてしてくださった。防音技術全般に関して以前の取材のときに詳しく教えてくださった同社取締役・開発本部長兼自動車製品事業本部本部長の山口久弥氏にもひさしぶりにお会いすることができた。

日本特殊塗料株式会社は古くから「ニットク」の愛称で知られている。現在の同社のCIも

「nittoku」という英文のロゴマークである。

同社の連結売上高の57・3％をしめる自動車製品事業の中の7割近くが防音材だ。1967（昭和42）年にスイスのマテックホールディング社と技術提携して自動車防音材の技術を導入、これを契機に防音材分野の世界的メーカーに成長してきた。先方の企業名がマテックからリエタ、そして現在のオートニウム・ホールディング社（Autoneum Holding AG）へと変わったが、48年間続いてきた両社のパートナーシップはいまも強固だ。

両社は世界中に生産拠点を展開しているが、原則的には日本のメーカーに対しては海外工場でもニットクが、欧米メーカーにはオートニウムが供給するという住み分けになっている。

ご紹介する防音技術やその成果である防音材は、両社が連携して開発し、設計・生産の技術を共用する製品である。

「制振」「遮音」「吸音」という3つの防音技術の基本に関しては別項にまとめた。まずそちらをお読みいただいたほうが分かりやすいかもしれない。

ニットクの防音材技術の特徴は、製品の開発、自動車メーカーへの積極的な技術提案やコンカレント設計、そして生産技術の開発だけでなく、材料の開発、防音材の性能測定機器や解析用ソフトの開発などもグループ内で行っていることだ。

制振材の基本特性の試験用の「ETAFLEX」「Carrousel」、フェルトの空気の流れやすさや繊維の圧縮弾性率の測定など、材料パラメータ取得のために使う「ELWIS-A/S」、遮音材の完成部品の測定ができる大型の「Isokell」など、ニットクとオートニウムのグループ各社でこれまで開発してきた音響評価システムは全部で47種類にもなるという。それらはグループ内で使用だけではなく、製品として販売されて世界18社のメーカーにも納入されている。

「Alfa-Cabin」という製品名で呼ばれているオートニウム製の吸音材性能試験用の小型残響室は各国の自動車メーカーや内装材サプライメーカーなどに広く採用されていて、とくにＥＵでは吸音材試験機器のスタンダードツールのひとつになっている。トヨタ自動車の振動騒音開発にも確かに同装置が設置されていた。

この10年間で大きく進歩したのがシミュレーション技術だ。ニットク／オートニウムでは独自の音響評価・予測ツールを開発してグループ内で共有しており、実車を使わず、試作レスで防音材の開発や性能予測ができる。

中周波の放射音を解析する「ＴＲＥＡＳＵＡＲＩ２」、同じく中周波のボディパネルの振動や放射音を解析する「ＧＯＬＤ」や「ＳＩＬＶＥＲ」などはＦＥＭ（有限要素法）を利用したツール。構造解析や流体解析などに使われているＦＥＭ法では、多数の高次のモードを持つ８００～１KHzといった高周波の空気伝播音は解析できないという。そこで振動や騒音をエネルギーとしてとらえるＳＥＡ（統計的エネルギー解析手法）という解析法を用いた高周波の領域の解析用ツール「ＲＥＶＡＭＰ」を開発した。ロケット工学などの分野において薄板構造で構成される系の振動特性を解析するために考案された解析手法だという。

また防音材の性能を、伝達マトリクス法を使って予測する「Visual SISAB」なども開発・使用している。

シミュレーションなどを駆使した最新の防音材設計のひとつの手法が防音材の最適配置化だ。

防音材の性能は防音材の質量と相関関係が高い。同じ防音材なら重いほど防音効果が高くなる。その一方で、防音材は大きな騒音に対してはより大きな防音効果を発揮するという特性がある。

車体の各部のパネルが強制力によって振動し、それを伝えながら車内の空気を振動させて騒音を生むのが固体伝播音である。部位ごとに生じるパネルの放射音を調べるてみると、エンジンルームと車室間の隔壁の下部（ダッシュロワ）からの放射音が最も高く、次いでタイヤ→サスペンション→サブフレームと伝わってきた振動によって震えて音を出すフロントフロアとリヤフロア、以下ダッシュアッパー、リヤパーセルシェルフ、前後ドアウインドウと続くという。ルーフからの放射音は案外少なく全体の数％である。

従来の防音対策でもバルクヘッドは重点的に対策してきたが、フロアの防音に対しては意外に見落とされがちで防音対策がプアなクルマが多かったという。逆にルーフのように放射音が低いルーフなどに高価な吸音材を奢っても重量が増すだけで防音に対する寄与率は低いことになる。

すなわち最適化のポイントは「寄与率」である。

実験やシミュレーションによって個々の車両の振動特性を把握し、そこから防音材の騒音低減に対する寄与率を正確に予測して防音材の種類、性能をきめ細かく使い分けて防音材の防音寄与率を各部一定にすれば同じ防音効果をもっとも軽量で達成できる。

冒頭に登場した「IFP-R2」のカーペット、別項でご紹介する「Hybrid-Acoustics」などは、製品そのものの各部位においても材料の密度や硬度を変えることによって一枚の吸音材の中で性能の最適化を行って部品の重量とコストを低減した例である。

ニットクではエンジンルーム内吸音材（フードインシュレータ、ダッシュアウタインシュレータ、ヒートシールドなど）、車室内吸遮音材（ダッシュサイレンサ、フロアカーペットなど）、吸音ライナー（アンダーフロアカバー、マッドガードなど）、そしてメルシートの制振材とアンダーコート／シーラント塗料など車両全体の防音材を開発しており、寄与率を最適化したパッケージとして車両全体の防音設計を行い供給することが可能だという。

茨城工場の真新しい事務棟の一室にニットクの最新防音技術が集められていた。

ひときわ目を引いたのが実車のフロアをまるごと一台分裏返しにしたアンダーパネルの展示である。オートニウム社が供給してるＢＭＷ３シリーズのものだという。

空力特性のさらなる向上のためにアンダーフロアをパネルでカバーする設計はスーパーカーなどから始まって高級車、乗用車にも拡大してきた。このクルマのフロアの左右とリヤのデフ回りをカバーしているパネルは通常のガラス繊維強化ＰＰ樹脂ではなく、１００％ＰＥＴ（ポリエチレンテレフタレート）の繊維素材だ。ホイルハウスの内側に張るホイルライナーは従来からＰＰとＰＥＴ繊維で作ったフェルトを熱成形して固めた製品が存在したがその発展版だ。「Ultra-Silent（ＲＵＳ）」と命名されている。

開発本部 第2技術部 技術1課の梅林俊介氏が液体窒素を使った衝撃テストを見せてくれた。

従来のガラスＰＰはロシアなどでマイナス30度Ｃ以下の低温になると強度が低下し、フロアをぶつけたりすると割れたりすることがあるらしい。

「ＲＵＳ」は繊維素材なので弾性領域が広く、低温でも強度低下が少ない。

液体窒素で冷却したガラスＰＰの上からウエイトを落とすと見事粉々に砕け散ったが「ＲＵＳ」は落下した重りをボンッとはじき返した。ガラスＰＰに対し重量はなんと50％減。１００％ＰＥＴなのでリサイクル性が高く、しかも驚いたことに吸音効果まであるという。実車による測定では前席／後席ともにフロア回りで生じる風音など、空気伝播音の低減が実証されている。ということは「ＲＵＳ」は同時に車外騒音の低減もしているということになる。

実はフェルトを固めたあのホイルハウスライナーにも、小石が飛ぶときのチッピング音や降雨時の水はねのスプラッシュ音の低減だけでなくタイヤから生じる空気伝播音を吸音する効果があるらしい。

ＥＵの新しい車外騒音規制では加速時の騒音だけでなく50㎞／ｈ定常走行時の通過騒音も規制基準値に大きく関係してくるため、風切り音やタイヤのパターンノイズ低減が大きなポイントとなる。吸音式ホイルライナーはタイヤメーカーにとっては力強い援軍だろう。

防音材の技術は断熱にも利用できる。

繊維素材を使った断熱材をエンジンルーム内部に貼り込んでエンジンを包み込めば、エンジンからの空気伝播音の吸音による社内外騒音の低下だけでなく、ＬＬＣや油温の保温によるパーキング時やエンジン再始動時の燃費向上／CO_2削減効果が期待できる。「エンジンカプセル化」ということの技術は、すでにＢＭＷｉ3とｉ8に採用されている。

軽量化、サーマルマネジメント、そして環境技術へ。

防音材から始まったニットクの技術はさらに多方面に飛躍しようとしていた。

制振材、遮音材、吸音材の原理

●制振材

アスファルトを主原料に、りん片顔料（マイカ）、発泡剤、熱可塑性樹脂などを配合し、混練してシート状にした一種の粘弾性樹脂。エンジンやサスからなどの入力でボディパネルが振動して生じる200Hz~500Hzの固体伝播音を主に低下させる目的で、フロアやトランクフロアなどのボディ鋼板に直接貼りつける。トランクの床をめくると見えるあの絆創膏のようなシートのことだ。板の振動による伸縮変形を材料の粘弾性によってダンピング（粘性減衰）し、鋼板の振動を熱エネルギーに変えて抑制、車内騒音を低減する。ドア閉じ音低減や、ルーフのびびり振動などを抑制するためにドアパネル裏／ルーフ裏に使用されることもある。制振材の能力は振動の減衰の効率で計る。「損失係数」という。損失係数が高いほど制振性能が高い。アスファルトシート、メルシートなどとも呼ぶ。

●遮音材

主に内装、ダッシュサイレンサなどに使用する。EPDMなどのゴムのシートの裏面にウレタンやフェルトなどの多孔質材料を接着して一体にした2層構造で、エンジンバルクヘッドなどの鋼鈑の室内側に密着して使用する。ゴムと鋼板の間にはさまれることになる多孔層（中間層）がダンパーの役目をし、鉄板を透過してきた音圧による加振力を運動エネルギーに変え減衰、またゴムシートもその粘性によって振動の一部を減衰する。減衰しきれなかった振動はゴム表面と鋼板との間でキャッチボールされながら中間層で減衰されゴムに吸収されながら減損していく。こうして透過音を封じ車内に漏れ出さないという理屈である。400Hz以上の主に空気伝播音に対して有効。他の条件一定なら遮音材の性能＝「透過損失」の大きさはゴムの重量と中間層の厚みにそれぞれ比例して向上する（透過損失大→遮音性能高）。したがって遮音材では質量があるほど遮音性能が高まる。平均的な遮音材の重量は2・5kg／㎡〜6・5kg／㎡である。またステアリングシャフトやペダル、配線やエアコンなどのための貫通穴部分では遮音材は効果を発揮出来ないため、構造上の工夫が必要。また振動を受けた時にゴムが重り、中間層がばねとなって共振してしまうポイントが存在しうるため、最適化しなければならない。

●吸音材

フェルト、グラスウールなどの繊維、ウレタンなどの多孔質材で出来たシートである。遮音材が空気を遮断して防音するのに対し、吸音材は逆に透過させる。空気の粘性によって繊維との間に摩擦が生じ、振動のエネルギーが熱エネルギーに転換され、これによって音が低減する。吸音材の特徴は平米当たり重量が650g〜2・4kgと軽量で遮音材に比較するとコストも安いこと。吸音しきれず透過してしまった音も車内のどこかで反射して戻ってくれば再び吸音できるというのもメリットである。車内を反射するうち音はどんどん静かになる。吸音材は1000Hz以上の高周波ノイズの減衰に効果的だが、会話の周波数成分なども吸ってしまう傾向がある。以前の中級車などでは耳がつーんとするようなちょっと不自然で無響室的な静粛性のクルマがあったが、これは典型的な吸音材多用の弊害である。吸音材の性能は「吸音率」という0〜100の指数で表示する。

●吸遮音ハイブリッド材

フェルトの素材中に熱可塑性の樹脂繊維を接着剤として混入してプレスで押し固めた表層と、通常のフェルトを接着して2層構造としたもの。表層の硬い層は繊維の密度が高いため、中間層を透過してきた音の一部をさらに減衰吸音すると同時に内側へ向けて反射する。この振動は鋼板との間で反射を繰り返しながら遮音材同様減衰されていく。つまり吸音材に遮音材と同じ効果を付与するのがハイブリッド材の目的で、この方式なら軽量で広い範囲の周波数帯域を吸遮音できる。この技術を使ったのが「Ultra Light（ＲＵＬ）」で、現在は中間層を挟んだ3層構造のものに進化している。また同技術をさらに進化させたのが「Hybrid-Acoustics」である（別項）。

日本特殊塗料株式会社

日本特殊塗料株式会社は航空機用塗料の研究の第一人者であった仲西他七によって１９２９（昭和４）年に設立された。当時の航空機は羽布張り構造が主流で、航空機用塗料といえばニトロセルロース系またはアセチルセルロース系の羽布塗料（ドープ）のことでだったが、研究段階だった全金属製機体の発展をいち早く見抜いた仲西は、ベンジルセルロース系のアルミ合金用防錆塗料を他に先駆けて開発した。これが同社の最初の製品である「Ｔ・Ｔ金属用塗料」で、陸海軍に軍用機の内外皮用塗料として納入された。

１９３６年に合資会社から株式会社に改組したが、終戦によって同社は最大の顧客を失うことになった。

本格的に戦後復興を遂げたのは1951（昭和26）年に持ち前の塗料技術を生かして開発したセメント瓦用塗料「スレコート」を発売してからである。2年後には自動車用防音・防錆アンダーコート塗料「ニットク・アンダーシール」を開発、自動車分野へ進出する。

昭和30年代の前半、ニットクの自動車アンダーコート塗料のシェアは85%にも達した。民間航空の再開とともに航空機用塗料の開発も再開している。

1967（昭和42）年スイスの防音材メーカーであるマテック社（現オートニウム・ホールディング社）と技術提携、吸・遮音材「タカポール」の生産を開始、以後自動車の防音材のトップメーカーへと急成長していく。

1984（昭和59）年にアメリカ・シカゴ市近郊に現地法人を設立したのを皮切りに、積極的に海外進出を開始。現在国内に8カ所の生産拠点および本社・開発センターを配し、北米6拠点、中国3拠点、メキシコ、タイ、インド、インドネシアなどでオートニウム社との合弁で生産拠点を展開している。オートニウム社と合計するとグループでは26カ国50拠点である。

連結売上高は393億9100万円（2014年3月期）。うち57・3%が制振材、吸遮音材、塗布型制振材、防音・防錆塗料、フロアカーペットなどの自動車製品事業、そして42・7%が建材用や航空機用の塗料である。後者には旅客機の外装塗料、H-11A／H-11Bロケット用の特殊塗料なども含まれている。

自動車製品の国内納入メーカーは、資本関係のあるトヨタ自動車を筆頭に日産、ホンダ、スズキ、マツダなどほぼ全社。またオートニウム社はフォード、BMW、クライスラー、ダイムラー、PSA、ランドローバー、GM、ルノー、日本の各社などに納入している。

ニットクの最新防音技術①：Hybrid-Acoustics

エンジンルームと車室との間の隔壁＝バルクヘッドに密着させて使う吸音材がダッシュサイレンサだ。3つ重なっている中央が、フェルトの表面にEPDMのゴムシートを張った一般的な遮音材（モデル）、下が硬軟2層のフェルトを貼り合わせ、吸音材に一部遮音材の効果を与えて、遮音材に対しておよそ40％の軽量化を実現した「Rieta Ultra Light（RUL）」、そして一番上がさらに表層のフェルトの硬度をあげて、共振周波数を高周波側へシフトさせ、遮音性能を引き上げた「Hybrid-Acoustics」である。

吸音材のフェルトには熱可塑性樹脂であるPETの繊維が混入してあり、熱を与えると溶けてフェルトを固める役割をしている。従来はフェルトを加熱してからとなりの金型に移して成形していた（冷間成形）が、「Hybrid-Acoustics」ではフェルトの配合比やフェルトの製法を改良するとともに、金型をヒーターで加熱することによって熱間成形し、これによってフェルトをより硬くすることができたという。

遮音材、「RUL」「Hybrid-Acoustics」のシートを箱の中に貼り込み、ホワイトノイズを発生するスピーカーを中に入れて防音効果を比べるという実験をしてみせていただいたが、「RUL」ではシャーという高い音の透過をわずかに許してしまうのに対し、「Hybrid-Acoustics」は遮音材同様ほぼ聞こえなくなるまで完全に防音していた。改めて防音材の凄い効果に驚かされた。

1000~6000Hzの高周波の領域では従来3層式「RUL」のマイナス10dB以上、遮音材を凌ぐほどの防音効果を発揮するという。

「Hybrid-Acoustics」のもうひとつの特徴は、部位によって表面の硬軟を変え、吸音リッチ部位（写真の茶色）と遮音リッチ部（青色）を作り、パネルの放射音の部位による強弱に対して防音性を変えることができるという点だ。生産技術の詳細は明らかにされなかったが、貼り合わせ前に表層を硬化する際、金型に内蔵したヒーターの位置で成形温度を部位によって変えて硬軟を与え、中間層もプレス成形で厚みを部位によって変えているのではないかと思う。

写真はダッシュサイレンサの防音材設計のシミュレーションの様子。遮音材の板厚、材料パラメータ、空気透過性、空隙の広さなどから防音性能を計算している。濃い部分が透過損失が高い部位。

ニットクの最新防音技術②：「NBF」／「Theta-Cell」

エンジンルームのボンネット裏につくフードインシュレータである。下段は従来から使われているガラスウールのもの。配合したフェノール樹脂が熱成形で溶融硬化して形状を固定、表面の黒い不織布とも接着する。ガラスウールは吸音効果は高いがフェルトとしては重く、製品重量は一般的な30㎜板厚のもので1・4~1・6kg／㎡である。

これに対し欧州車のトレンドともなっているのが「Theta-Cell」。難燃性の発泡ウレタンを圧縮成型して通気抵抗値をあげ、高周波だけでなく中周波の吸音性能も与えたもので、反り防止のために両面に表皮材が接着してある。650g/㎡と軽く、同じ吸音性能ならガラスウールの70%軽量化できるという。レクサスGS、IS、RCなども採用している。

「NBF(ニットクバルキーフェルト)」は、内装吸音材同様、古衣料入りのフェルトを使うなどの配合の工夫によって、30㎜厚という吸音効果が高い、かさ高のフェルトを作ることが出来た。ただしそれだけでは吸音性能が高周波に特化してしまうため、溶けたポリエステル樹脂を高速で吐出して不織布を作るメルトブロー製法の通気調整表皮を接着し、中周波の吸音性能を向上している。比重は30㎜厚で1.2kg/㎡。グラスウール製品に比べ同等性能なら20~40%軽量化できる。

C63AMGに採用されていたのは水冷インタークーラー冷却ダクト兼用フードインシュレータ。シミュレーター技術を駆使し、エンジンからの放射熱を断熱して導入したエアをあたためずに導くという設計を行った。断熱性を発揮出来るのは多孔構造の吸音材ならではだ。もちろん本来の防音の役目もするという優れた製品だ。

ニットクの最新防音技術③:「RIMIC」

ニットク/オートニウムはエキゾースト系の断熱材も生産している。

触媒など、高温になる排気系の要所をカバーするヒートシールドにも吸音効果をもたせている。

従来のアルミ材エンボス加工のヒートシールドは吸音効果なし。レクサスRXのもので、アルミ表板にパンチングしたアルミ裏板を重ね、中間に撥水処理を施したガラスクロスとガラスウールを充填した4層構造である。孔から内部に入った音がガラスウールで減衰吸音させる。断熱と吸音ともに優れた性能を発揮する。ただし当然ながらコストは高い。

「RIMIC」は、単板構造で吸音効果を発揮出来るように考案されたものだ。エンボスを施したアルミの表面にノッチ加工で非常に微細な孔が無数に開けられており、特定の周波数の空気振動が当たると孔部分の空気の導通運動が激しくなって摩擦損失が増大、シールド内部のエアがダンパーの働きをして、エアの圧力変動を減衰させ吸音させる。ヘルムホルツ共鳴器でいうとシールド内のエアが主気室、細孔がレゾネーターである。

ニットクの最新防音技術③：「Ultra-Silent」／吸音ホイルハウスライナー／吸音ダクト

BMW3シリーズのアンダーパネル。中央左右および後部中央部が、PET繊維100％のアンダーパネル「Ultra-Silent（RUS）」である。熱可塑性のポリエステル繊維を金型内で加熱成形したもので、軽量性に加え、車外騒音の吸音効果を持ち、弾性率が高くて破損しにくく、リサイクル性が高い。

ホイルハウスにもフェルトを熱成形した吸音ホイルハウスライナーが使われている。厚さ1・5㎜の製品同士の比較では、従来PP樹脂で1・5kg／㎡のところ、フェルト製なら900g／㎡にできるという。

フェルト製のライナーが石跳ねやスプラッシュ音に対して効果的であることは経験的に知っていたが、水を吸ってボディパネルの腐食を誘発することはないのか若干気になっていた。その点尋ねてみたら材料中に水に馴染みにくいオレフィンＰＰなどの疎水性繊維を配合してあり水が染み込んでも乾燥しやすくしてあるという。

この技術を応用して作ったのがレクサスＩＳ３００ｈのバッテリー冷却用のエアダクト。ホイルハウスと同じ素材で、表面には樹脂コーティングがしてあり、ファンノイズや気流音を内面で吸音する。実験していただいたが、通常の樹脂製ダクトに比べ明らかにノイズが下がっていた。ちょっとびっくりするような発明だ。

2015年5月13日（「特選外車情報エフロード」連載「晴れた日にはクルマに乗ろう」）

メルセデスベンツ Sクーペ（C217）

福野礼一郎　2015年4月9日（木）。おはようございまーす。

良心的中古車屋スティックシフト代表荒井克尚　おはようございまーす。

福野　ああ〜やっぱこのヘッドライト、だめだー自分。この連続球状ぶつぶつ見ると死にそうになる。

荒井　話題のスワロフスキー付LEDヘッドライトですね。「ウインカーに30個の円筒状、ポジショニングランプに17個のカットグラス、合計片側47個のスワロフスキー製クリスタルガラス」を使っているそうです。

古屋編集長　標準装備なんですか。

荒井　3120万円のS65AMGに標準、1724万円ぽっちのこちらS550・4マティックには「ナイトビューアシストプラス」などとセットで66万3000円ぽっきりのオプションです。

福野　だめだ。直視できん。ちなみにスワロフスキーのクリスタルガラスとはガラスの成分中に酸化鉛を含む鉛ガラスのことで、水晶／石英（二酸化硅素の結晶）のことではありません。とか言って誤魔化す。

古屋編集長　そういや前に晴れクルでSクラス借りたとき、福野さん酷評したじゃないですか。きのうクルマ借りるときに「どなたがお乗りになるんですかあ」って聞かれて「いや福野礼一郎さんです」っていったら「ああ……」って感じでしたよ。

福野　それは申しわけない。それは申しわけない。あれでもSクラス酷評したっけ。そうでもなかったよ。S550よかったじゃん。

森口カメラマン　いやめちゃやめちゃ酷評でしたよねえ。

古屋編集長　リヤシートのアームレストが新幹線のできそこないみたいだとか。

福野　ああ、だってあれは誰がどう見たって馬鹿が設計したとしか思えない。

古屋編集長　はははは、だから〜（笑）。

福野　あんなもんどっかのサプライヤーに掴まされただけで、クルマの設計・本質にまったく関係ない。それでクルマ「酷評」になっちゃうわけ？　ベンツ様には文句ひとつゆるされないわけ？

荒井　まままま、まままま、ここはひとつ荒井に免じて。クルマ乗りましょクルマクルマ。

最初に乗るのは「エメラルドグリーン」と命名された濃いグリーンのパールカラーのS550。太陽光が当たっているところは反射して明るく色鮮やかに輝くが、影の部分はほとんどブラックのように暗く見える、こういう反射の性質を自動車塗装の世界では「メタリックペイントのフリップフロップ性」と呼ぶ。世界的なトレンドだ。

霞ヶ関ICから首都高速3号線にのり、そのまま東名高速へ。

荒井　え〜試乗車（WDD2217385１A003113）はさきほどのスワロフスキーに加え、A

ＭＧライン86万円とレザーパッケージ77万５０００円がついています。オプション総額３０８万３０００円。この銀色のウッドパネルは「メタライズドアッシュウッド」っていうんだそうです。

福野　アルミ粉をすり込んでからクリヤ塗装するんですね。ヤマハで見ました。

荒井　日本車でもあるんですか。レクサスＬＳですか。

福野　「Ｌ―パッケージ」っていう特注仕様にパールホワイトのウッドがあります。漂白してからアルミ＋真鍮粉をすりこんでました。しかし意外とごつごつした当たりだなあ。減衰は速いけど。エアサスですか。

荒井　エアサスです。本車はＡＭＧラインなんでタイヤはＧＹイーグルＦ１の２４５／40と２７５／35―20です。Ｓ５５０は19も20もランフラです。

福野　20インチのランフラ。その硬さはありますね。

荒井　カメラで路面見てアシ可変する「マジックボディコントロール」は本車にはついてません。ＡＭＧラインでもブレーキ強化だけでアシはノーマルと同じ仕様です。

福野　（加速する）６５０㎚とかあるんでしたっけ。

荒井　４５５PSの７００㎚ですよお。セダンＳ５５０と同じＭ２７８型５・５ℓのＶ８ツインターボ、車重は（車検証を見て）２１５０㎏。フロント１１８０のリヤ９７０。パワーウエイト比はえー（スマホで計算する）４・72ですね。

福野　まあトルクは７００㎚もでてますがギヤリングが高いし、過給圧の上昇自体があんまり速くない感じで思ったほど迫力ないですね。４マチはこれまだ7速なんですね。

荒井　本国のＳ５５０のＦＲ仕様は９速ＡＴになってるんですが。このクルマはトルコンはどうだっけな（持参したカタログを見る）Ｓ63ＡＭＧだけがＤＣＴですね。Ｓ５５０とＳ65はトルコンＡＴです。

海老名ＪＣＴから首都圏中央連絡自動車道（圏央道）に入る。２０１４年6月28日に開通、東名と中央がこれでついに連結したが、海老名ＪＣＴで流路が1車線規制されているため、早くも渋滞名所になっているという。朝7時28分でもここはもうのろのろ運転だ。

10分かけてようやく渋滞を抜けると圏央道はがら空きである。

荒井　やっぱあそこの1車線規制だけがガンなんですね。なに考えてんだろ。

福野　重量感というのか、どっしり座り込んでテコでも動かないような直進感。さすが4駆。2ドアクーペにするとボディの剛性感も金庫みたいです。内装材のたてつけも文句なしに素晴らしい。乗り心地の当たりがごつごつ硬いけどロードノイズは非常に低いなあ。ほとんど聞こえないもん。アンダーボディの不織布のカバーの吸音効果が効いてるのかな。しかしパワートレーンはやっぱり茫洋として、なんか特徴がないですね。どこかでパワーがもりもり出るとか、踏み込んだ瞬間に超速ダウンシフトするとか、そういうパンチとか切れとかってもんがまったくない。なんか反応がどよーんとしてる。

荒井　それがメルセデスの持ち味ってことでしょうか。

福野　６５０ｉとかベントレーＧＴ／Ａ８のＶ８はその点もっとしゃきっとしてますよね。確かにあっちはＡＴも超速ＺＦ８ＨＰだけど、トルクの立ち上がりももっとビビットです。

圏央道を狭山日高ICで降りて一般路へ。県道397号から航空自衛隊・入間基地の横を通る県道50号所沢狭山線を南下する。

福野　このシートは我々の体格には座面が長過ぎだな。一番座面を短くしててもひざの裏が当たって、ベッドに寝てるみたいな着座感です。ひざの裏のサポートなんて運転席にはどうだっていいんだよね。欲しいのは腰下の保持なんだけど、そっちはあんまよくない。

荒井　確かにお尻の上が浮いちゃってますね。

福野　長時間乗るとこういうシートは腰をやられる。左ハンドルはこういう狭い道でデカいクルマに乗るときはやっぱいいなあ。歩行者や自転車との車間も取りやすいし、左折の巻き込み防止の確認もしやすい。すれ違いのときはあっちがよけてくれるし（笑）。やっぱ右側通行は左ハンドルに限る。

荒井　福野さんだけですよそんなこと言ってるの。

福野　このクルマの重量感はもはや旧来CL／6シリーズじゃない。完全にもうRR／ベントレーの世界。S550をあえて4駆だけにして価格帯を上げ、右ハンも日本に入れないってことは、やっぱり車両企画としても6シリーズやA7やマセラティは相手にしてなくて、仮想敵はベントレー、アストンて感じでしょう。こうやって乗ってる感じ、パワートレーン以外はコンチネンタルGTとはいい勝負じゃないですか。立派さといい重量感といい内装といい。

荒井　コンチネンタルGTのV8は価格的に2000万超えちゃいますからS550相手だとちょっと格上だと思いますが、S63AMGとS65AMGはW12のコンチネンタルGT／GTスピードとそれぞれ値段も性能も完全にガチですよね。まああっちはリヤシートがもっとぜんぜん狭くて2＋2って感じですけど。お、もう到着ですか。あんなとこにまた飛行機があります（笑）。

西武新宿線と西武池袋線が公差する西武所沢駅の北側地区には、所沢市役所、市民文化センター、コンサートホール、警察署や税務署、小中学校など、所沢市の公共施設が集中している。その中心にあるのが国道463号線沿いの「所沢航空記念公園」だ。

面積約50万2000平米という東京ディズニーランドより広い敷地内は、一面に芝が敷き詰められて一部西洋庭園風に造成されており、所沢市立図書館、野外ステージ、野球場とテニスコート、ジョギング／ウォーキングコースなどが設置されて、市民の憩いの場になっている。

「所沢航空発祥記念館」はその一角にあるこじんまりとした航空博物館だ。

福野　こんにちわ～。

所沢航空発祥記念館・主事・学芸員の近藤亮さん　こんにちは。よろしくお願いします。

近藤さんの案内で館内に入ると、展示室がある建屋全体は半透明の天幕で覆われたテントのような構造で、陽光が存分に差し込み、内部はまぶしいくらいだった。屋内なのに展示機のデティールがよく見えるのがいい。

近藤さん　鋼材のフレームに東京ドームにも使われているテフロンの膜を張った構造なんです。

入り口のところには黎明期の先尾翼式複葉機が展示されている。

「臨時軍用気球研究会式一号機」。通称「会式一号機」。初の国産航空機だという。

近藤さん　実機は現存していないため、ここに展示してあるのはこの記念館のために特別に複製したレプリカです。

「富国強兵」を旗印に近代化を急いだ明治日本は、１９０３年のライト兄弟の初飛行以降、西欧で飛躍的発展を遂げていた航空機分野にも注目、陸軍、帝国大学、中央気象台の合同で「臨時軍用気球研究会」を発足し、飛行場の建設予定地を選定するとともに、徳永好敏陸軍工兵大尉と日野熊蔵陸軍歩兵大尉をフランスに派遣、操縦技術を習得させた。

２人はドイツ製の小型単葉機グラーデ2リベーレ機と、より大型のフランス製ファルマン３複葉機を購入して持ち帰り、代々木練兵場で公開飛行を行う。公式には１９１０年12月14日の徳永大尉のファルマン機の飛行をもって「日本初の動力飛行」としている。現在の代々木公園内にはそれを記念する石碑と２人の胸像がある。

そのファルマン３型をもとに改良されて日本で作られたのが「会式一号」だ。

１９１１年4月1日、日本初の飛行場である「所沢試験場」が本地に開港。１９２０年には所沢陸軍飛行学校を開設、敷地を拡大しながら「所沢飛行場」として、終戦のその日まで航空兵の養成、試作航空機や飛行船の飛行テストなどを行った。

戦後は米軍が接収してレーダー基地などを建設したが、１９７１年6月から82年6月にかけて敷地の約7割に相当する南側一帯を返還、その一部を所沢航空記念公園として整備した。北側のおよそ60万平米の敷地はいまも米空軍所沢通信施設として使われている。

初飛行の地は代々木公園だが、日本の航空史がスタートしたのは所沢。それを記念して所沢航空発祥記念館が公園内にオープンしたのが１９９３年である。

展示されている航空機を見学した。

1階フロアに所狭しと展示された実機やエンジンなどの多くは、自衛隊や航空機メーカー、エアラインなどから貸与されたり寄贈されたものだという。

練習機の黄色い塗装のノースアメリカンT―6G、戦後初の国産ジェット練習機である富士重工製T―1B中等練習機。

天井からは同じくスバルでライセンス生産していたビーチエアクラフトT―34メンターが吊られている。その隣にあるのはメンターの改造版LM―1との競争試作に破れた川崎KAL―2試作機だ。残存しているのはこの1機だけらしい。

陸自塗装のツインローターのバートル（バイアセッキH―21Bの民間型V―44A）は内部に入ることができる。丸い胴体内に踏み込むとなんだか土管の中にいるような気分だ。機体番号JG―0002のこの機体は伊勢湾台風（1959年9月）の被害視察の折りに昭和天皇が座乗したものだという。

エンジンの展示も豊富だ。

ライトR1820サイクロン（星型）、テレダインコンチネンタルTS10―510（対抗6）などのレシプロ、YS―11用のRRダートMk543ターボプロップ、RRニーン（遠心式）や国産J3-IHI―7B型（軸流式）などのターボジェット、そしてヘリ用の軸流／遠心ターボシャフト式のアリソンCT―63やGE製CT58など、さまざまな形式の航空機用エンジンがすぐ間近で見れる。

同館は館内を飛行場の施設に見立てており、一階フロアを「滑走路」「駐機場」および「格納庫」「研究室」、2階を「管制塔」と命名、2階「管制塔」の内部は、航空管制室を再現した展示だった。

福野　これは凄いな。機械全部本物ですか。

記念公園のすぐ横には、東北地方南部から中国地方東部にかけての空域の交通管制業務を行う国土交通省の東京航空交通管制部の施設がある。そこでかつて実際に使っていた管制用レーダー、航空機の機首、便名、飛行高度、飛行経路などを記したストリップと呼ばれるメモを並べておくストリップ台などである。

所沢飛行場の歴史を貴重な写真で綴ったメモリアルギャラリー、飛行の原理などを開設した研究室、フライトシミュレーター、ゆっくり見て行くとコンテンツは盛り沢山だ。

古屋編集長は子供たちに大人気という「スペースウォーカー」にチャレンジ。テコの原理で擬似的に重力を10分の1に低減する仕掛けだ。

古屋編集長　（体験して）めちゃめちゃ面白いですよ。飛び跳ねてると結構疲れますけど（笑）。

所沢航空発祥記念館の入館料は大人510円。開館時間は午前9時30分～午後5時まで、休館日は毎週月曜日である。お近くに行ったおり、一度覗いてみてはいかがだろう。個人的必見はニューポール81Ｅ2のレプリカだ。

一同　どうもありがとうございました。

近藤さん　ありがとうございました。

荒井　いやいや面白かったです。最初緊張して身構えてた近藤さんが福野さんと話してるうちにノリノリになっていくのが楽しかったです。

福野　あの人ホント好きだよ。日本の航空関係の博物館おおかた全部見に行ってるんだもん。

帰路はいよいよ3120万円のC65AMGに乗る。

所沢の市街地をゆっくり出発、463号を東に進んで所沢ICから関越自動車道に乗る。

荒井　S65AMGはセダン同様、M279型のポート噴射のSOHC6ℓV12を先代からキャリーオーバーして積んでいます。エンジンの世代としては、福野さんと2人で乗ってあまりの速さにぶっ飛んだあのW220（1998〜2005）の5・8ℓV12ツインターボのM285型の直系生き残りで、ダイムラーのエンジン世代としてはおおむね二世代前のテクノロジーです。え〜しかし依然強力ですよお。630ps／1000Nmですから。

福野　1000ニュートンいきましたか。

荒井　車検証の車重値は2180kgの前軸1170、後軸1010。パワーウエイト比は暗算で出ちゃう3・46。

福野　S550よりさらに重量感があって、この慣性感は戦車級です。非常に静かでロードノイズもほとんど入ってきませんが、エンジンがゴロゴロ言ってます。

荒井　はい。排気音がなんかこもってvちょっと耳ざわりですね。これはあえてでしょうか。

福野　当然わざとでしょうね。

荒井　車内は天井まで総革張りです。シートのうしろ（触ってみる）とか横、後ろっかわなんかも全部本革ですね。シートのこの菱形のステッチとかの感じもベントレーみたい。外装も内装も基本的にはエレガントで女性的な雰囲気なのに、ヘッドライトとグリルだけがエグいデザインだったりシートのステッチがやけに自己主張してたり、C65AMGはさらにあちこちベントレーっぽいです。

福野　RR兄弟車だった時代のベントレーって、基本RRとして作られたクルマにベントレーボーイズ時代のレーシングカー風グリルを無理矢理つけてインテリアもスポーティに派手に演出してたでしょ。そんなことすれば、どうしたってシルクのドレスの貴婦人がダイヤ入りのサングラスしてるみたいな風情になる。つまり誰がどう見てもあきらかに下品なコーディネイトなんだけど、素材も作りも間違いなく最高級だから文句言えない。リザードやポロサスのバーキンみたいなもんちゅうか。その微妙なアンバランスがベントレーの魅力ってことになっちゃって人気あるから、ダイムラーもそこをねらってきたってことでしょう。

荒井　「シルクのドレスの貴婦人がダイヤ入りのサングラスしてる」って表現はまさにこのクルマにぴったんこです。

「Curve」モードをセレクトして、関越ICのスロープで低中速のコーナリングをする。

福野　おおおお、オポジットロール制御してるな。

荒井　内側に踏ん張ったような感じがしました。

福野　ターンインでぐらっとクルマがロールする感じはよく抑えられていますね。このスピードでこの路面だと外側輪が突っ張ってる感じもそれによる安定性への弊害もそんなに感じない。でも箱根とかターンパイクみたいにアンジュレーションのあるとこに持って行って飛ばしたらどうなるかは分からない。

荒井　はい。

福野　ロールっていうのは　地面に対して高いとこにある重心に対して遠心力が作用するから生じるんで、それをキャンセルして逆ロールさせるためには物理的に外側輪を固めて突っ張って押し出さないといけないから、当然外輪側サスが硬くなる。アシを固めれば荷重移動量は大きくなるから路面変化があると操縦性が大きく変化しやすい。理論的にはまったくだめですよ逆ロールってのは。まさか21世紀にもなってベンツがオポジットロールをやってくるとは思いませんでしたね。つまりバカの象徴だから。

荒井　Sクラスのときもそうでしたけど、カメラで路面を監視してサスを制御するという「マジックボディコントロール」の機能も、効果のほどがよく分からないです。

福野　別に車重が1・3トン以下なら普通のダンパーでこれくらいの減衰感とフラット感は出ますからねえ。まあ2・2トンの割にはうねりに対する揺動なんかは確かによく抑えられている気はするが、特別「驚異的」とかって感じはない。

荒井　タイヤはコンチネンタル・コンタクト255／40―20　285／35―20　でこちらはノンランフラ。なんかこうエンジンも物凄い怪力とか、そういう感じじゃありませんね。

福野　（アクセルを踏み込む）　もちろん遅くはないですが、S550に比べて異次元的に速いって感じはない。こちらもATの反応も含めて立ち上がりの加速感がもっさりしている。重々しくて重量感はありますが、ベントレーGTのW12みたいに車重をまったく感じないようにワープしていくような加速感じゃないですね。

荒井　W220のS600Lは凄かったですけどねえ。羽根が生えて離陸していく感じでしたが。おまとめとしてどうでしょSクーペは。

福野　おおむね予想通りの出来ですね。ボディ、内装の作りは極上、音・振・乗り心地及第、パワートレーンは最新車としてはいたって凡庸、シャシ関連のハイテク関連は効果のほどが明白でなく相変わらずナビと操作系は最低。どこにもがっかりしたところはありませんが、驚くようなところもどこにもない。いつものベンツでした。これでも「酷評」って言われちゃうかな。

荒井　絶賛が当たり前のクルマですから、やっぱ酷評でしょう。

福野　だってアストン・ラピードとどっちがいい？

荒井　そういえばそんな超傑作例がありましたっけね。無言です。

2015年5月16日（「カーグラフィック」連載「クルマはかくして作られる」）

ヘッドランプの現在進行形＋ハイビーム配光制御（AHS）

LEDヘッドランプの技術進化と普及のスピードはともに凄まじい。2007年、世界初のLEDヘッドランプとして登場したとき、レクサスLS600h用ユニットのロービームに使われていたLEDの明るさは1個あたり10・5Wで400ルーメンだった。7年後に出現した最新の第5世代LEDは24Wでなんと2250ルーメンに進化を遂げている。この明るさなら一基のプロジェクターユニットに対しLED一個、左右ヘッドランプのハイ／ローを2個のLEDで受け持つことができるという。

コストもついにHIDより下がった。省電力、高輝度に加え低コストのメリットも出てきたLED方式のシェアは急速に拡大、2014年に小糸製作所が作ったヘッドランプのうち国内20％／世界11％がLEDだったという。2015年は二輪車も含め国内34％、世界16％へ上昇、数年先には国内向け生産の6割がLEDヘッドランプになると予想されている。

もうひとつの技術動向がハイビームの配光制御だ。LS用が採用しているのはメカ式だが、早くも第2世代の電子式が登場している。

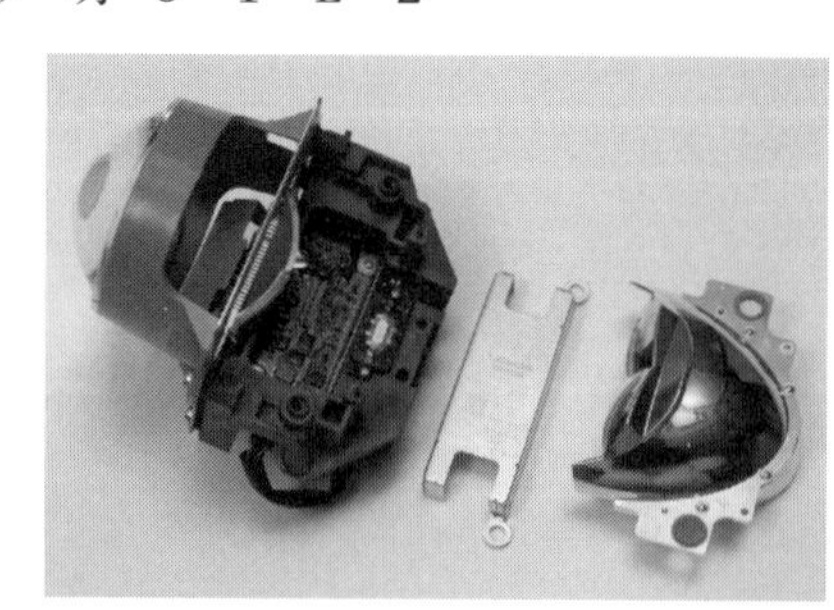

ヘッドライトの世界トップシェアメーカー、株式会社小糸製作所を取材した。

砲弾型をしたコンパクトな照度計がフェンダーの上に装着してあって、対抗車のヘッドライトを検知すると自動的にロービームに切り替える。「セーフティアイ」と命名された小糸製作所のヘッドライト配光制御システムが、いすゞ自動車がＣＫＤ生産するヒルマン・ミンクスＰＨ１００型にオプション採用されたのは、１９６２（昭和37）年のことである。システムのオンオフ、およびロー↓ハイとハイ↓ローの切替感度が調整できるようになっていた。

同様の装置はアメリカではすでに１９３０年代から実用化されていた。

１９４７年型のタッカーはステアリング機構にメカニカルに連動させてハイビームの照射方向を左右に変える首振り光軸式ヘッドライトシステムをボンネット先端に1灯配置していた。ギリシャ神話のひとつ目の巨人の名から「サイクロプスライト」と呼ばれていた。シトロエンＤＳが１９６７年のマイナーチェンジで採用したハイビーム補助用ドライビングライトも同様のアイディアである。

当時の日本では道路運送車両法の保安基準によって前照灯の可動が事実上禁じられていたが、１９８３年登場のＡＥ86はウインカーと連動してコーナリングライトを点灯、ヘッドライトの死角をカバーして右左折時の安全性を向上させるというアイディア機構を採用した。89年の2代目ＭＲ２ではフォグランプのリフレクタの一部をモーターで回転させ操舵と連動して照射角を左右30度可変するステアリング連動フォグランプを世界初採用している。

光学系の反射板を背後からアクチュエーターで可動させることで乗員や荷物の積載などによる車体

姿勢の変化に応じてヘッドライトの光軸を自動調整するオートレベリングシステムは、97年に2代目アリストが導入したのが国内では最初だ。

２００２年秋の車両法・保安基準の改正を受けプロジェクターユニット全体をアクチュエーターで旋回作動させることによってロービームの光軸をステアリングと連動させて左右に動かす世界初のＡＦＳ（アクティブ・フロントライティング・システム）を03年発売のハリヤー／レクサスＲＸで採用した。北米仕様でもロービームの光軸可変が認可された結果、導入している。上記はいずれも小糸製作所が生産・納入したユニットだ。

光源が白熱電球から放電灯（ＨＩＤ）、ＬＥＤへと進化し、ヘッドライトの機構・形態がシールドビーム→ハロゲン異形タイプ→プロジェクター式→複合反射面／ウエーブリフレクタ式と発展してきたのに対し、ヘッドライトの光軸制御は法規制との兼ね合いで進化を阻まれてきたというのが実情だが、精密制御化の実現にともなって各国で規制が緩和され一気にこの分野が発展してきたのである。

世界の自動車メーカーが注目しているのは照射の方向を可変するだけではなく、前走車や対抗車を検知してその部位だけを遮光するなどハイビームにおける配光パターンを自在制御するというハイビーム配光制御である。

ＵＮ法規（国連・欧州委員会・自動車基準調和世界フォーラムの多国間協定による自動車灯火器基準）ではこれをＡＨＢ＝オートマチックハイビーム、ＥＵではＡＨＡ＝アダプティブハイビームアシストなどと呼ぶ。各自動車メーカーでも名称は様々だが、本稿ではＡＨＳ＝アダプティブハイビームシステムと呼称する。

ＡＨＳの開発の背景にあるのは、交通事故の実態である。

警視庁交通局の統計では自動車の衝突安全性能の向上やシートベルトの着用義務化などによって自動車乗車中の乗員の死亡者数はこの20年間でおよそ3分の1に低減している。一方歩行者の死亡者数は半減してはいるものの低減率が低く、近年は横ばいの傾向だ。２０１４年のデータによると歩行者の死亡事故の68％が夜間に起きている。

公益財団法人交通事故総合分析センターの分析では歩行者を巻き込んだ死亡事故の39％、死亡者数にして64％は、右左折時ではなく車両直進時に起きているという。反対車線側から道路を横断してきた歩行者との接触がもっとも多いのである。反対車線を走行してくる対抗車のヘッドライトに眩惑されて横断しようとする歩行者の姿は見えにくいからだ。

道路交通法と道路交通法施行令では夜間の走行時は走行用前照灯（＝ハイビーム）を点灯、対抗車や前走車を眩惑する可能性のある場合はすれ違い用前照灯（＝ロービーム）に切り替えるように示唆している。しかしもちろん実情は正反対で、我々がいつもしているように一般路でも高速道路でも主にロービームで走行するのが当たり前になっている。互いに他車を防眩しないようにしている気遣いが逆に夜間視界の死角を生んでいるのは皮肉である。

現在のＵＮ法規では、ロービームの配光パターンは中央部では前方を走る車を眩惑しないためにヘッドライトの地上高（約60～70㎝）から下方に1％、すなわち0・57。のところで光軸をカットしなければならないとされている。一方対向車線側の配光に関しては、対向車線の舗道に立っている歩行者の足元が視認出来るよう配光のカットラインをヘッドランプ高と同じ高さまで持ち上げてもいいと改正された。それでも対抗車のヘッドライトに眩惑される状況では対向車線側にいる歩行者の姿の夜間視認は困難だと言わざるを得ない。

ＡＨＳの目的は、前走車や対抗車を眩惑せずになるべくハイビームを使って走行し視界を広く明るく確保すること。

レクサスＬＳが採用したＡＨＳはメカ式である。その機構をみせていただいた。

ロービームのユニットは50φと60φの二つの大小プロジェクターが一体になったもので、全体がスイブルアクチュエータという回転式台座の上に乗っており、モーターで左右に首振り作動（スイブル）できるようになっている。光源はＬＥＤ。広範囲を照射する50φプロジェクターに38Ｗが1個、ＡＨＳコントロール用の60φプロジェクターに38Ｗと12ＷのＬＥＤが1個づつ、より大きな範囲を照射するパラボラという反射鏡式ユニットに38Ｗ1個。合計片側4個使っている。

この60φプロジェクターの内部、光源の前側にアクチュエーターによって遮光板の切替を行う可変シェードユニットがついている。可変シェードユニットは縦横10㎝くらいのプレスＳＵＳ板製で、遮光をするシェードは長さ数㎝の2枚の左右長短2枚のＳＵＳの薄板だ。

シェードAとシェードB、両方を下げれば遮る壁はないからハイビームである。

シェードBを上げると上方の光線をカットしてロービームになる。

シェードAだけを上げるとハイビームの光線のうち片側上方45度の範囲だけが遮光されてＬの字型の配光パターンになる。これを小糸製作所では「2分割ハイビーム」と呼んでいる。

左右のヘッドランプで2分割ハイビームの遮光パターンは対称形になっている。片側はＬ型配光、反対側が逆L型だ。左右を同時に照射すると、ふたつが重なって、凹型の配光パターンになる。凹の中央だけが遮光されるので、ここに前走行車がうまくはまり込めば、ハイビームのままで全車に追走しても相手を眩惑しないという理屈だ。

さらに対抗車に対する遮光もできる。対抗車の存在を車載カメラで検知、AHSユニットはアクチュエーターで左右別々に首振り作動させることができるから、対抗車が近づくにつれて左右のユニットを動かし、凹型を保ったまま配光パターンを左へ振って遮光部を動かすのだ。左右ユニットの作動の位相を制御すれば、遮光部分の横幅も広くしたり狭くしたり、可変できる。

AHSをオンにしてヘッドライトをハイビームにしておけば、ハイビーム、ロービーム、そして凹型配光の「スプリットハイビーム」をクルマが勝手に切り替えながら走ってくれるのだ。さらに高速走行ではヘッドライトユニット内側についているハイビーム専用プロジェクターユニット（15W・LED1個）が自動点灯する。配光パターンは10種類にもなる。

走行テストの結果によるとAHSを作動させた場合、一般路でのハイビーム作動率は64％、高速道路でも68％に向上したという。まさに「ハイビーム走行が基本」と定めている道交法の趣旨に沿った走行がAHSで可能になった。

もちろんいくら機構が優れていて、実際の制御が感覚に合っていないとこういう仕掛けは実用にはならないものだが、欧州2回、北米1回、国内40回、のべ4万kmの公道試験を実施、ドライバーの感覚に合った制御ロジックを開発したという。

AHSはすでに第2世代に進化しつつある。

小糸製作所では樹脂で作った3次元形状のシェードをモーターで回転させることで、ハイ／ロー／2分割ハイビームを制御する廉価なAHSを開発中。実用化されれば小型車にもAHSが普及していくだろう。

メカを使わない電子シェード型も登場している。

LEDアレイ方式だ。

小糸製作所が開発、まずマツダ・アテンザがALH（アダプティブLEDヘッドライト）として採用した。

今回見せていただいたのはレクサスRX用のユニット。

ヘッドランプはLS同様3眼式だが、プロジェクターのように球形ではなく、レンズの上下をカットした長方形の凸レンズである。AHS機能を持つ外側2つの照射ユニットの中には、3W／230ルーメンの性能を持つLEDを8個および3個実装した基盤がそれぞれ入っている。ヘッドライト片側でLED11個だ。

左右22個のLEDをずらり並べてハイビームを照射し、例えばそのうち一個のLEDを消灯すれば、その部位を遮光できる。この場合遮光部は同時に幾つでも作れるから、前走車の遮光をしながら同時に対抗車の防眩もできる。点消灯を次々に制御すれば近づいてくる対抗車に合わせて遮光部を移動させることが可能だ。LEDは電流制御によって照度も自由にコントロールすることもできるので、きめ細かい配光制御ができるのである。

LEDの数を増やし、上下2段に並べて配置する方式も開発中だという。この場合はLEDの点消灯制御によって、凹配光ではなく、前走車や対抗車の位置を四角く窓のように遮光できるから、さらに死角が減少する。

驚くべき未来システムもスタンバイしている。

いわゆるＭＥＭＳ（マイクロエレクトロメカニカルシステム）技術のひとつであるＤＭＤ＝デジタルミラーデバイスを使った高解像ＡＨＳだ。

一般的にデジタルミラーデバイスとは、半導体の集積回路上にＭＥＭＳ技術によって一個10数㎛というウルトラミニサイズのミラーをおよそ数10から百数十万枚配列し、電磁駆動によってミラーを個別にオンオフ制御することによって、ＬＥＤなどの光源の反射光を自在コントロールするという装置である。パルス変調制御によって光の濃淡制御、ＲＧＢの切替によってカラー表示も可能だ。

画像／映像分野ではすでに一部実用化されているが、ヘッドライト用ＬＥＤの光線をこのミラーで反射制御して投射するヘッドライトを作れば、マイクロミラーの制御によって前走車や対抗車の1台1台を正確にねらってそれぞれ遮光したりそれを追従させたり、あるいはカメラの画像認識で人間の姿を識別して、顔の部分だけを遮光制御するなどという超精密配光制御が可能だ。

１００万枚のミラーを使って自在制御した光を前方に投射できるということは、１００万画素の画像を前方に投影できるのと同じことである。小糸製作所の「Future Lighting in 20XX」という映像資料には、道路に警告や進行方向の矢印を投射したり、進路を譲ってくれたクルマに「Ｔｈａｎｋｓ！」というメッセージを表示するなどという「ライトペインティング」機能が登場する。

この映像資料では新しい光源の存在も示唆されている。

レーザーだ。

青色半導体レーザーの光をＹＡＧなどの蛍光体に当て、高輝度の白色光として照射する。非常に明るく、指向性が高く、光源が小さいので発光部のさらなる小型化／省電力化が可能だという。

ＤＲＬ（デイタイムランニングライト）は２００６年にＵＮ法規で取付を義務化した昼間点灯ライトだが、日本では効果に対する疑問視やエネルギー損失の観点などからいまだ認可に至っていない。しかし欧州メーカーではＢＭＷが採用したコロナリングに端を発し、ＤＲＬの形状でブランドイメージの積極的アピールを行う「シグネチャー」が当たり前になりつつある。レクサスのＬランプも欧米ではＤＲＬシグネチャーだ。

レーザーヘッドランプとＬＥＤアレイ式ＡＨＳを組み合わせた小糸製作所のコンセプトヘッドランプには、アウターレンズの表面に張り巡らせたガラスファイバーをレーザーで線発光させるという、従来のＤＲＬとはひと味違ったシグネチャーが提案されている。

次世代テールランプ用光源として有望視されているのが、有機ＥＬ（エレクトロルミネッセンス）だ。

照度ではＬＥＤやレーザーにおよばないが、電圧を与えることによって薄肉の多層構造材の発光層が光るという原理なので、非常に薄く、面全体が光る面発光が可能。消灯時は透明で、曲げることも自在にできる。テールランプにはまさにうってつけの光源だ。

有機ＥＬをデモしたコンセプトテールライトでは、スポイラーやフィンのように空に浮いた透明の板に、赤色とアンバー色の有機ＥＬがセットされていて、赤と黄色にそれぞれ点灯する様を見ることができた。

カラーディスプレイとして実用化されているように、有機ＥＬを使えば技術的にはテールランプ全体にカラーの画像やメッセージを描くことすら可能だ。一般的には有機ＥＬにはコストに加え、インジウムの消費や輝度不足、輝度むらなどの問題があるといわれているが、世界中で開発競争が行われている分野なので、液晶ディスプレイのようにいったんブレイクスルーすれば、瞬く間に普及するだろう。

ここに書けないマル秘の次世代技術もずらりラインアップしている。

少なくとも３～４年に一度は取材に行かないとヘッドランプの世界にはとてもついて行けなくなりそうだ。

株式会社小糸製作所

株式会社小糸製作所は２０１５年に創業１００年を迎えた自動車用照明機器の世界トップメーカーである。鉄道信号灯用フレネルレンズの開発に成功した小糸源六郎がその生産・販売のために東京・京橋に「小糸源六郎商店」を設立したのが１９１５（大正４）年４月。東京駅開業の翌年だった。１９１９年に東京・月島に工場を設立して鉄道用照明機器などの生産を始め、30年に株式会社小糸製作所を設立した。32年、３輪自動車の前照灯の生産から自動車用照明機器の生産に着手、航空機用照明、投光器などへ生産品目を拡大していく。36年には品川工場、43年に静岡工場を開設している。

戦後は品川／静岡両工場で生産を再開、１９５７年に国産初のシールドビームヘッドライトの開発に成功し、初代トヨペット・クラウンに採用された。78年にはハロゲンヘッドランプ、79年には異形ヘッドランプの生産・販売を開始している。

1983年アメリカ・ワシントン州シアトルに事務所を開設したのを皮切りにグローバル化を積極的に推進、アメリカ、タイ、台湾、インド、インドネシア、中国（3拠点）、イギリス、ベルギー、チェコ、そしてメキシコに生産拠点を設立、現在国内17社、海外14社の関連会社で世界5極体制のグローバルネットワークを構築している。生産品国は自動車関連ではヘッドランプ、テールランプ、フォグランプなどの照明機器、HIDやハロゲン電球、ヘッドランプクリーナーユニットなど。また航空機関連では機内外の照明機器、各種表示装置、電子機器、油圧機器などを生産している。三菱リージョナルジェットのLED天井照明、F2戦闘機の操縦桿（トビラ写真参照）も同社製品だ。

2015年5月26日（「ル・ボラン」連載「比較三原則」）

シトロエン DS5対ボルボ V60 T5SE

20世紀の名車の1台と誉れ高いシトロエンDSが1955年10月のパリサロンで発表されてから60年。5月中旬にはメーカーとオーナーズクラブ合同の大規模なイベントがパリで開催された。それに先立つ3月のジュネーヴ・ショーにおいて、PSAはシトロエンからDSラインを分離独立させ、新たにDSオートモビルを立ち上げると発表した。

会場にはフェイスリフトを施したDS5が登場したが、クロームめっきをあしらったフロントグリルからはダブルシェブロンのシンボルが消えていた。DS還暦に狙いを定めたこの新戦略に衝撃を受けたシトロエン・ファンの方もおられるだろう。

日本におけるDSブランド展開はたぶん秋以降に輸入される2016年モデルからになるはずだ。10月29日～11月8日に開催予定の東京モーターショーはお披露目の絶好のタイミングだろう。ただしDS5についてはフランス・ソショー工場での生産は2016年まで、以降は中国生産のみになるという情報もある。

DSブランドの分離には中国における状況が深く関係している。

PSAは1990年代からいち早く中国大陸に進出、湖北省武漢市の東風汽車との合弁でZXの現地生産を開始した。したがって中国におけるシトロエンの知名度は非常に高く、ブランドイメージも早くから確立していた。

2003年には東風汽車との新合弁会社DPCAを設立してプジョーの現地生産も開始。現在武漢周辺には3カ所の工場があり、プジョー／シトロエンの主要各車を生産している。2014年に中国で販売したPSA車は73万4000台／年。さらに第4、第5の工場も着工しており、2016年の稼働後には武漢における生産台数能力を年間120万台に引き上げる。

一方PSAは深圳の長安汽車グループとの間にも2011年に別の合弁会社を設立している。既存工場にラインを増設、こちらではDSライン各車を生産する。これにともなって南京、北京、上海、広州などにDS専売チャンネルの販売店舗が続々と作られている。

こちらもエンジン工場とともにR&Dセンターを設立して現地開発に乗り出した。その成果がDS5をベースにしたプレミアム4ドアセダンDS5LSと、FFのSUVであるDS6だ。この中国専売2車は登場時点からシトロエンのエンブレムは冠していない。マイチェン版DS5の新しいフロントマスクとはようするにこの中国製DS5LS／DS6のデザインを逆導入したものだ。

長安PSAも2020年までに100万台／年のDSの生産・販売をもくろんでいる。

Dongfeng（東風）でプジョー／シトロエン、Changan（長安）でDS。

DSの分離独立は、アメリカで導入し成功したレクサス・ブランドを日本に逆輸入展開したのと似た状況ともいえるが、中国をのぞけばＰＳＡの生産・販売規模はざっと１７０万台／年に過ぎない。中国での生産が計画通り進展するなら、５年後のＰＳＡは４００万台に倍増した生産数の６割近くを中国で作るメーカーになる。ＤＳの古希のパレードは北京でやるという青写真がどこかで描かれているかもしれない。

今回試乗したのはもちろんシトロエン・ブランドでフランス製のＤＳ５。パープル系の外装色の限定仕様車で２０１４年10月に35台が輸入されたものだという。

それをなぜいまごろ広報車にしているのか思ったら、どうやらまだ在庫があるらしい。販売店関係者によると２０１３年10月に60台輸入した別の限定車もこの3月末まで在庫していたというのだから、中国とは対照的なＤＳ５の不人気ぶりにはいささか驚くばかりだ。

２年ぶりに借用して名古屋まで往復してみたが、市街地では突き上げを食うとブッシュでいなし切れず乗り心地が急変する傾向が若干あったものの、高速での乗り心地と安定性、静粛性はシートの出来も含めてなかなかのもので、むしろＣクラス／３シリーズよりも高速巡航は快適なくらいだった。

その最大の理由が最後の生き残りである油圧式PS（電動オイルポンプ）の操舵フィール。しっとり重く、切り始めからダイレクトな反力が立ち上がって接地感がよく高速カーブで1センチの横幅を正確にねらっていけるのが実に楽しい。クルマはステアリング感覚が非常にいいと他の欠点はあまり気にならなくなるものである。ＤＳ５はその典型だ。リヤがＴＢＡであることでコストで手を抜いているような印象を与えているようだが、ブッシュを固めて使っているので乗り心地が硬い反面横力がかかった時の接地面変化が少なくしっかり腰が据わっている。これも操舵感がいい一因だろう。むかしのＤ

Sとは真逆のスポーティなセッティングのクルマである。ここを勘違いすると失望させられるだろう。

ボルボは2013年度にV40を日本で1万台（1万294台）も売り、ついにMINIを抜いて悲願の輸入車販売5位に返り咲いた。

14年度は各社のニューモデルラッシュに加えダイムラーの猛烈な販売攻勢とそれに連動したディーラーの大量自社登録などにも席巻され、40シリーズの販売は6395台に急降下。60シリーズも6287台から4781台に減少し、V40登場以前の12年度実績すら下回る2011年なみの販売台数に逆戻りしてしまった。

DS5のPF2プラットフォームが最初に登場したのは2001年のプジョー307、V60のフォードEUCD系列ボルボP2系プラットフォームも2007年のS80／V70からキャリーオーバーしている。2014年に追加投入したT5SEは、ボルボの新世代モジュラーエンジンB420系の2ℓターボ／350Nmを搭載。期待通りパワフルなユニットだが、走りの良さをさらに決定づけているのは変速を厭わずシームレスに繋いで行くアイシン8速ATの存在だ。

DS5のライバルといえるのは450万円のT4SEで、こちらはあの名作フォード・エコブーストl・6ℓターボ+6速DCT。PSAがいまだ主力として使っているプリンス1・6ℓターボ+アイシン6ATに対し、低速トルク、高速域の伸び、回転フィールなどで大きな差をつける。

ボルボ各車のほとんど唯一の欠点は一昔前のBMWのように硬い乗り心地だ。売れ線のワゴンボディではリヤバルクヘッドが存在しないから後席乗り心地がさらに荒い。パワートレーンの次は乗り心地の刷新・近代化が要求されるだろう。

点数表

基準車＝点数表

基準車＝ボルボV70を各項目100点としたときのDS5の相対評価

＊評価は独善的私見である

＊採点は5点単位である

エクステリア

パッケージ（居住性／搭載性／運動性）	115
品質感（成形、建て付け、塗装、樹脂部品など）	115

インテリア前席

居住感①（ドラポジ、視界など）	85
居住感②（スペース、エアコンなどドラポジ以外）	85
品質感（デザインと生産技術の総合所見）	90
シーティング（シートの座り心地など）	110
コントロール（使い勝手、操作性など）	90
乗り心地（振動、騒音など）	120

インテリア後席

居住感（着座姿勢、スペース、視界などの総合所見）	85
乗り心地（振動、騒音、安定感など）	135
荷室（容積、使い勝手など）	95

運転走行性能

シャシの印象（騒音・振動、フィーリングなど）	115
ハンドリング①（操安性、リニアリティ、接地感、奥行）	110

ハンドリング②（駐車性、取り回し、市街地など）　85

総評

パッケージ、乗り心地、ステアリング感などを含んだハンドリング感でDS5を、インテリアのパッケージや使い勝手、タウンスピードでの取り回し性などでV60をそれぞれ評価した。パワートレーンに関しては試乗車の条件が違うので評価に含めていないが、もしT4SEとの対決だったらパワートレーンの評価は100：85でV60に軍配を上げただろう。

2015年6月16日（「カーグラフィック」連載「クルマはかくして作られる」）

トヨタ・ハイブリッド・システムの機構と制御

1997（昭和62）年に初代NHW10型プリウスに採用されたトヨタ・ハイブリッド・システム＝THSは、実用化が大幅に遅れたEVに代わって出現したエコカーの救世主として注目、世界の自動車メーカーの技術ムーブメントに大きな影響を与えるとともに「ハイブリッド」という一種の流行現象を生み出してた。

あれから17年。

FFからスタートしたTHSは、FR車用システム、4WDとバリエーションを増やしながら発展、現在は「第3世代」と呼ばれるシステムに進化している。

THSの構成部品の製造工程の取材について数年前から打診しており、レクサス製品開発部の渡辺秀樹部長も実現にむけて奔走してくださったのだが、残念ながら工場の取材は許可にならなかった。設計の詳細は製品を見れば分かるが、どうやって作ったかはできあがった製品を見ても分からない。ピラミッドはその好例である。

今回は本社工場内の聖域にあるEPT棟の一室で、THSの開発にたずさわっている各部署の皆さんに最新のTHSの設計と開発に関してお話を伺った。

Ｇｏｏｇｌｅマップで「豊田市トヨタ町」のＴ字交差点に飛ぶ。技術本館と旧本館があるのが東側。国道２４８号線を挟んで反対側にあるのがトヨタ自動車の愛知本社工場。ストリートビューに降りてみると「ＴＯＹＯＴＡ ＭＯＴＯＲ ＨＯＮＳＹＡ ＰＬＡＮＴ」という表記を屋根の上に掲げた入り口が見えるが、そのうしろに12階建てのＰＴ棟が映っている。

２０１０年の師走、愛知本社工場の構内のユニット生技部の建屋の一角、Ｆ―１のエンジン加工を行っていたセクションにレクサスＬＦＡ用の１ＬＲ―ＧＵＥエンジンのクランクケースの機械加工を見にきた。当時はちょうど工場内の建屋を取り壊してあちこちが更地になっていた。

本社工場の稼働開始は戦前１９３８（昭和13）年。ＧＢ型トラックの生産からスタートした。戦後は１９４７年からＳＡ型乗用車の生産から再開、ランドクルーザー（１９５１年）、トヨエース（１９５４年）、コロナ（１９５７年）などを生産、80年代以降はシャシやドライブトレーン関係の部品や、ＲＶ／トラック系のラダーフレームなどを主に作ってきた。トヨタ自動車で現在稼働中の工場の中ではもっとも歴史が長い。

設計の総本山と隣接している立地から試作など機密性の高い部署も本社工場内にあった。設計部門と綿密にコンカレントしながらエンジンやサスペンションなどの構成部品の試作を行い、量産のための具体的な生産技術を検討・開発するという「ユニット生技部」という新しい部署も本社工場内にある。

初代プリウスの生産立ち上げのときからモーターなどトヨタ・ハイブリッド・システム（ＴＨＳ）

を構成している重要な部品の生産を本社工場で行うようになったのも設計―生技が連携するという環境が整っていたからだろう。

さらに設計部門とユニット生技部門の連携を深めるためハイブリッド関係の設計部門が技術本館から本社工場側に移動、開発は敷地内のEPT棟を主舞台に、設計部署と生技部署が机を並べて行うようになった。

PT棟にはガソリンエンジン、トランスミッションなどの担当設計部署が技術本館から引っ越してきてユニット生技部といっしょに開発を行っている。ハイブリッドの開発方式がパワートレーンの開発方式全体に拡大したということである。

ちなみにMIRAIの燃料電池も1992年に開発をスタートして以来ここを本拠地として続けられてきた。今回インタビューを行ったEPT棟は、もともと燃料電池の開発のために作られた建屋だったという。

ちなみにMIRAI用の燃料電池の生産もRV／トラック系のラダーフレームを生産してきたラインの一部を転用してこの敷地内で行われている。

ハイブリッドの開発を担当している各部署の方々にEPT棟の応接室にきていただいてお話を伺った。また最新のIS300h用のコンポーネントも持ってきていただいて見せていただいた。

システムの企画および制御など、主にソフト面について伺ったお話をご紹介する。

初代プリウスからスタートしたTHSは、現在では大別してFF車用4種類、FR車用2種類が生産されている。

モーターやバッテリーの仕様や容量などを決める最大の要素は車重と要求性能だ。

これに対応するため「大容量」「中容量」あるいは「小小容量（＝アクア用）」など対応カバーレンジ拡大にともなってシステムのバリエーションが次々に誕生し、ハードウエアの構成自体も進化した。

代表的なハードの世代進化が、昇圧コンバーターとリダクションギヤの採用である。

前者はモーターの駆動電圧を上げることでトルクをアップする目的である。

後者はモーターを大型化せず、高回転化したうえで減速して使うことでパワーアップを達成するのがねらいである。ＦＦのＴＨＳ搭載車の後輪にモーター駆動部をアドオンする４ＷＤ方式の採用も車重の重いＳＵＶ車へ対応を拡大するための手法だ。

一方ＦＲ車用のＴＨＳの企画はレクサスＬＳの開発立案のときにスタートしたという。

世界トップクラスのエグゼクティブカーとしていかなるパワートレーンがふさわしいかV12エンジンの採用なども含めて検討した結果、動力性能と燃費の最適化度の高いＴＨＳを採用、モーターアドオン式ではなく駆動力を連結した４ＷＤ方式とするプランが採用された。

この開発の過程でモーターを小型化するため遊星ギヤを使った2段変速式リダクションギヤ機構を開発した。

しかし４ＷＤ化によってシステムが複雑化したことなどもあって開発は難航、２ＷＤ（ＦＲ）方式を採用したレクサスＧＳ４５０ｈが2年半先行して２００６年3月に登場することになる。

ＴＨＳの開発計画などを策定しているＨＶ先行開発部　システム計画室には燃費関係と電気システ

ム関係の部署があり、それぞれ12～13名が在籍しているという。同室インバーター21グループ長の吉住啓氏のお話では車両の製品企画チームからハイブリッド採用の打診があった場合、車重や動力性能と燃費性能を含めた要求性能などをもとにシステム電圧、バッテリー容量、エンジンに対するトルクや出力などの要求性能をまとめた仕様書を作成して、各設計部門に提示する。

クルマの開発に当たって目標として掲げる要求性能値を決める大きな要素は一般的にはライバル車の存在である。

例えばいま欧米にも輸出するDセグメント車を開発するとしたら、ベンチマークは当然ながらCクラスや3シリーズなどになってくるだろう。THS搭載車で対抗するなら、例えば「C200の動力性能で320dの燃費」などといった具体的な目標を掲げることもできるはずだ。

3・5ℓV6エンジンと組み合わせたGS450hの場合はプリウスのイメージを刷新する意味もあって運動性能を追求した面があったが、DセグのIS300hでは燃費も視野にいれて2・5ℓ直4エンジンとの組み合わせによるFR中容量ユニットの開発を提案した。

これを受けて設計部門は軽量化とコストダウンのために2段リダクション方式の採用をやめ、FF用と同じ1段固定リダクション方式を採用することを決め、電池、インバーターなどの性能アップとシステムの軽量化によって性能アップと目標燃費の実現を目指した。

HVシステム開発統括部　HVシステム開発室の大島康嗣氏は「THSを決めるのはハードと制御」だという。

通常のガソリン車やディーゼル車の場合、駆動力はエンジン出力と変速比でおおむね決まる。

ハイブリッドの場合はこれにモーターの駆動力が加わるのだが、プラネタリーギヤを使った動力分割機構を備えるTHSでは、発電機の負荷でエンジン回転数を制御することでエンジン回転と車速の関係を連続的に可変できる（＝電気式CVT）から、駆動力をさらに大きく電気制御によってコントロールできることになる。

これがTHSの燃費と動力性能の両立化のポイントでもある。

問題はドライバビリティだ。

当初のTHSではアクセルを踏み込むとエンジン回転がまず一気に上昇し、それに追従しながら車速が上がっていくような制御が行われていた。CVTでも同じような制御をしていたクルマが多かったが、固定ギヤ比で体にしみこんだ「エンジン回転に呼応して車速が上がっていく」という加速感からすると違和感がある。NVの観点でも加速するといきなりエンジン騒音が高まるので不利だ。これを称して「ラバーバンド制御」と揶揄している。

IS300hの開発に際してはヨーロッパ車などのライバル車を走らせて、アクセルストローク（開度）とそれにともなって発生する加速Gとの関係を広く調査してみたという。これを「S―G特性」と呼んでいるそうだが、アクセル開度と発生トルクとの関係を3次元マップで見ると「ドライバビリティがいい」とされているヨーロッパ車などでは、例えばアクセル開度60％で総トルクの80％が出ているなどという特性が明らかになった。とくにヨーロッパでTHSのライバルになるディーゼル車では低アクセル開度での加速Gの出方が際立っていた。

そこでエンジン回転を一気に上げるのではなく車速の上昇に応じてリニアに上昇させて行くような制御プログラムを開発し、NVも含めた加速フィーリングを向上させた。

エンジン側でもVVTの制御によって低回転でのトルクをアップするという対策を行った。またステアリングコラムに配置したパドルの操作によって行うシーケンシャルシフトでもAT的なフィーリングになるようエンジン回転を制御している。

HVシステム開発統括部 HVシステム開発室の塚嶋浩幸グループ長によると加速感やドライバビリティの実現と、燃費効率との両立が難しかったという。

高速巡航時などの定常走行状態では、電気式CVTのメリットを存分に駆使して燃費が最適になるエンジン回転域を使い、加速時などドライブフィーリングやNVに関係するシチュエーションではS—G特性を最適化するというように、あらゆる局面を考えながら制御プログラムを構築していった。

レクサス製品開発部の渡辺秀樹部長は言う。

「自由度が上がれば出来ることも増えるが仕事も増える。これがクルマ作りです。システムが複雑化すると制御の構築をするのも大変だし、フェイル（故障）に対する対策なども複雑になります。LS600hの4WDの開発に時間がかかったのはそういうこともあります」

トランクがもし雨漏りしてバッテリーを納めている部分に水が入ってきてしまったらどうするか。システムがオンになっているときにうっかり高電圧系のメカの内部にアクセスしてしまったときどうするか。性能や衝突安全性だけでなく、あらゆる可能性に対してTHSならではの細かい配慮が行われている。

こうした努力の結果、THSの信頼性と性能は保証されてきた。

MIRAIはモーターと発電機をプラネタリーギヤで連結した駆動部分、昇圧コンバーター/AC—DCインバーター/DC—DCコンバーターを納めたPCU、そして回生充電用のニッケル水素バッテリーなどに関しては、THSのユニットを流用して使用することによって信頼性の保証、開発期間の短縮、コスト低減などを達成している。THSで培った設計・生産の技術があったからこそ、燃料電池車の実用化に世界に先駆けて成功したともいえる。

THSは世界に誇れる日本の発明、日本独自の自動車技術だ。100年後の自動車史にも記載されているだろう。

トヨタ・ハイブリッド・システム(THS)の動力分割機構の作動概念

THSは遊星ギヤ機構(プラネタリーギヤ機構)を利用した巧妙な動力分割機構によって、変速機を使わずに車速ゼロから最高速度までの速度域での要求トルクと回転数をカバーしている。

THSでは中央ギヤ(サンギヤ)に発電機、その周囲にある数個連結した小ギヤ(プラネタリーキャリア)にエンジン、外輪のリングギヤにモーターと車軸をそれぞれ連結している。すなわちモーター回転数と車速の関係は直結である。3要素のギヤのそれぞれの回転数は互いに連動している。

①停止時の状態では3つのギヤの回転数はゼロである。

②モーターに通電して回転を上げると、直結している車軸の回転が上がってクルマが発進する。エンジンが停止していれば、サンギヤに連結した発電機は逆転する。

③交流発電機とは機構的には交流モーターと同じなので、発電機に通電してトルクを掛けると、スターターとして作用してエンジンを始動させる。始動すれば、エンジンのトルクによって逆に発電機が回されて発電ができる。

④通常のクルマではエンジン回転は車速と変速比で決まり、トルクはスロットル制御で決まる。THSでもエンジントルクはスロットルで制御するが、エンジン回転は発電機の制御で決まる。図のように速度が一定であっても発電機のトルクを制御することによってエンジンの回転数を連続的に変えることができる。発電機でエンジン回転を制御するこの方式を、THSでは「電気式CVT」と呼ぶ。

⑤高速巡航時などでは、エンジン回転を低く保つために回転数の関係は左下がりになる。発電量は低くなる。

⑥低速からの加速では発電機の回転を上げてエンジン回転を上げて行くので回転数の関係は左上がりになる。ここで一気にエンジン回転数を上げると違和感が生じるためエンジン回転が車速の増加に応じて比例的に上昇していくよう発電機を制御している。

パワーコントロールユニット（PCU）

ＩＳ300h用に開発された最新のTHS用パワーコントロールユニット（PCU）は、①ハイブリッド用ニッケル水素式バッテリーから供給される高電圧の直流をコンバーターで昇圧する。②それをモーター駆動用の交流に変換する。③並行してハイブリッド用バッテリーからの直流を車両システム電源用に12Ｖに降圧し供給する、④発電機が回生発電した電気を直流に変換してハイブリッドバッテリーに充電する、という4つの役割を果たしている。

このうち①の機能は2003年の2代目プリウスで登場したTHS Ⅱから導入、また③については従来ハイブリッド用バッテリーの近傍に装着していたものをIS300h用からPCU内に一体化した。

IS300hのPCUの重量は17・4kg。THSでは発電機がスターターの役目をしてエンジンを始動するため、エンジンルームに大電流を供給する12V補器バッテリーを隣接して搭載する必要がない。したがってボンネットを開けると通常バッテリーが置いてあるエンジンルーム右側にPCUを搭載している。

PCUの内部は二層構造になっており、DC-DCコンバーターとその制御基板は底面に収納する。バッテリーから供給される230・4Vの直流を650Vに昇圧するコンバーター、発電機用（MG1）とモーター（MG2）用の電源を交流に変換する2組のインバーターには、インバーターエアコンや洗濯機、電子レンジなどの家電製品から電車の動力制御などまで広く採用されているシリコンパワー半導体であるIGBT（insulated gate bipolar transistor）を使っている。

ブリッジ接続したIGBTで電流をスイッチングするため、負荷電流を逆転するためのダイオード（FWD＝Free Wheeling Diode）を逆並列に接続。

IGBTの許容最高動作温度はおよそ150度C前後であるため、出力電流の増加に対応するためには熱抵抗を減少させなければならない。そこで2007年登場のLS600hから、チップを実装したモジュールを両面冷却式にして放熱性を向上させるとともに、エンジン冷却水を還流する積層冷却器（ラジエーター）でモジュール両面から水冷する方式を採用、単位面積当たりの出力を60％向上させた。

それでもパワー半導体による熱損失は車両全体の電力損失の20％を占めているといわれる。

現在ＳｉＣ（炭化硅素）、ＧａＮ（窒化ガリウム）などの次世代パワー半導体の開発が各方面で進んでいるが、トヨタ自動車は２０１４年５月、株式会社デンソー、株式会社豊田中央研究所との共同研究によってハイブリッドＰＣＵ用のＳｉＣパワー半導体の開発に成功したと発表した。

ＳｉＣパワー半導体は耐熱性が高く高温での動作が可能で、破壊電界強度が高く、電流を流す時の抵抗やスイッチング時の損失が小さいため、高周波化しても効率的に電流を流すことができて電力の損失を大きく低減できるという。

ＰＣＵの体積のおよそ40％を占めるコイルやコンデンサの小型化が可能となり、ＰＣＵの体積は現行型比５分の１にできるという。また燃費も現状比10％アップを目標としている。

バッテリー

充電可能な電池が二次電池である。二次電池の性能は正極と負極、それぞれの電極で使う金属（活物質）によって決まる。同じ電子量を取り出せるなら軽い金属の方が効率はいい。この関係を電気化学当量という。二次電池の極に使う金属の中で重量当たりの電気当量がもっとも小さいのはリチウムＬｉだ。

ニッケル水素バッテリーは負極活物質に水素吸蔵合金を使い、水酸化ニッケルNi（OH）$_2$の正極との間で電子の受け渡しをする二次電池で、充電すると水酸化ニッケルがアルカリ電解質中の水酸化物OHと反応して酸化され、オキシ水酸化ニッケルNiOHHと水H_2Oに変わる。負極側では水の水素が還元されて水素吸蔵合金に取り込まれる。放電時は逆の反応が起きる。

オキシ水酸化ニッケルの電気化学当量は鉛バッテリーで使う二酸化鉛PbO_2と体積当たりではほぼ同等だ。しかしニッケル水素バッテリーでは酸化・還元反応するのは水素そのもので、負極の水素吸蔵合金は水素の倉庫に過ぎない。これが高エネルギー密度化のポイントだ。

初代プリウスが登場したとき、パナソニックEVエナジー株式会社（現プライムアースEVエナジー株式会社）で生産されていたハイブリッド用バッテリーは乾電池型の円筒形の1・2Vセルだった。これを6本縦にならべて細長い7・2Vモジュールを作り、40本直列に連結して288Vを得ていた。しかしその3年後、負極ではパンチングメタル、正極ではPU製のスポンジにそれぞれペースト状の活物質を充填し、プレスして平らに潰してから積層するという方法で生産する6セル7・2Vの平らな角形モジュールが登場、体積で40%、重量で20%という小型軽量化を達成した。

現在使われているモジュールのサイズもこのときと変わっていない。しかし性能、耐久性、信頼性などは大きく進化している。

IS300hのバッテリーでは7・2Vモジュールを32個直列に連結した230・4Vのスタックを使う。GSやクラウンではバッテリーは後席背面に搭載していたが、今回はトランクスルーの実現とトランク容量の拡大を目指して、荷室床下のスペアタイヤ用スペースの中に収納したのが特徴だ。

ホワイトボディの設計構造は基本的にガソリン車と同じだが、後突時の安全性を確保するため、桶状の収納部の底面に前後方向のブレースを2本溶接して補強、バッテリーを収納してボルト締結した後に、上部からも左右2本のブレースをボルト止めしている。またバンパーリーンフォースも補強した。

もうひとつのポイントはNVだ。バッテリーが負荷によって発熱したときは電動ファンを回して強制空冷しているが、エアコンのファン音と違って後部から突然聞こえてくるため、気になる場合がある。そこで吸気ダクトの途中に吸音性能を持つダクト（日本特殊塗料株式会社が納入↓2015年6月号参照）を採用した。

トランスアクスルユニット

駆動用モーター、発電機（ジェネレーター）、それらとエンジンを連結するプラネタリーギヤ式の動力分割機構、リダクションギヤなどをケースに納めた状態をTHSでは「トランスアクスル」と呼んでいる。元々FF車用横置きユニットとしてスタートしケース内部に最終減速部を含んでいたためこう呼ばれたのだろうが、FR車用ユニットでは最終減速部は車両後部にあるため、厳密には一般に言うトランスアクスルユニットではない。

IS300hはエンジンを2・5ℓ直4にダウンサイジングしたことに加え、従来FR用で採用してきた2段リダクション機構を廃止し、FF用と同じように1段固定リダクション式とした。リダクション機構には遊星ギヤ機構を使っているが、変速用の摩擦材が不要になり、それを制御するための油圧制御機構（バルブボディ）や電動オイルポンプも不要になったため、全長で42㎜短縮、重量はLS600h用の120・9㎏に対し88・6㎏と32・3㎏も軽くなった。ケースのサイズはアイシンAW製の6速AT（A760型）に合わせてある。

モーターと発電機の冷却はオイルによる強制潤滑で行っている。ポンプで加圧したオイルをモーターや発電機のコイルに対して周囲から噴射するとともに、ローター内部にもオイルを導入して外側に噴射する軸芯冷却方式を採用してる。走行中のケース内部は通常のトランスミッション同様、モーターも発電機もオイルに浸ったような状態になっているという。油温は通常で100度Cくらいだというが、オイルクーラーを設置して冷却効率をアップしている。

静粛性についてはリダクションギヤのリングギヤのケースへの固定を従来のスプライン式から、6本のピンを介した方式に変更、振動の伝達経路を長くすることによってギヤの歯打ち音などの1KHz～2KHzの高周波音を減衰・低減した。また発電機のステーターのケースへの固定部もフロートマウント化して振動の伝達を低減したという。

IS300hの車重は1670㎏で、カムリ・ハイブリッド（2・5ℓの横置FF）の1540㎏より130㎏重いが、エンジンにD4S（筒内直噴＋ポート噴射式）の2AR―FSE型を採用して、カムリのポート噴射式2AR―FXEに対しエンジンのトルク／出力をアップ、またモーターも最大トルクを270Nmから300Nmへアップして対応している。

２０１５年６月21日（「ＡＣａｒｓ」連載「晴れた日にはアメリカで行こう」）

シボレー カマロSS RS

福野礼一郎 「世界で一番贅沢で高級で最高なクルマはアメリカ車」という時代に物心ついて育った世代の人間ですから、私はアメリカ車はもともと好きです。免許取って最初に乗ったのは70年のＢＭＷ２００２、次が'70のアルファロメオ１３００ＧＴＪですが、３台目は'70バラクーダ（Ｒ／Ｔ３８３）、４台目が'70リンカーン・コンチネンタルのＭＫⅢ（４６０）、'72リンカーンＭＫⅣに乗ってから'71マッハ１（クリーブランド３５１）、'72マスタング・グランデ（ウインザー３５１）、あと'74のシボレー・モンツア、'74プリマス・ダスター、'77Ｔバードなんかにも乗りました。最後に乗ったアメリカ車は横置ＦＦになった'95のビュイック・リビエラですね。日本に数台入った並行輸入車の1台を6年落ちの中古で買って、レストアとまではいいませんが徹底大掃除くらいの作業を手を動かしてやって、雑誌「くるまにあ」に「極上中古車を作る方法」というタイトルで特集記事にまとめました。そのリビエラを売ってくれたのが良心的中古車屋「スティックシフト」の荒井克尚社長。

荒井克尚社長 福野さんとは雑誌「ＣａｒＥｘ」でご一緒して以来20数年間のおつきあいです。２０００年暮に納車された３６０スパイダー日本登録1号車以降の福野さんの愛車は、英国から個人輸入した365BB以外ほぼすべてうちで納めさせていただいてます。ここ2年間はエフロードの「晴れた日にはクルマに乗ろう」で毎月車上座談してきました。エフロードが休刊になっちゃってさみしかったんで、こういう形でまた参加できるのは嬉しいです。よろしくおねがいします。

古屋編集長　ゼネラルモーターズ・ジャパンさんからシボレー・カマロのSS・RSを借用してきました。次期第6世代カマロのスタイリングもすでに公表されていますから（本国正式発表は取材の2週間後の2015年5月16日）今日乗るのは、60年代のカマロのリクリエイションとして登場して人気を博した5thカマロのラストモデルです。「特選外車情報エフロード」ではデビュー直後の2010年2月にV6のLT RSを借りて、福野＋荒井コンビでマスタングV6と2台で東京↕呉の1689㎞を走って車上トークしたことがありまして、そのときの2人の評価がすごく高かったんで、もう一回V8仕様のSSを同じ年の9月に借りてシボレー・シルバラードと2台で東京↕三沢1430㎞のロングツーリングをやりました。

荒井　「TOKYOスーパーカー研究所」という連載記事のころですね。（メモを見る）え〜記録によりますと2010年2月の呉のときのクルマはラリーイエローのV6車#2G1FC1EV2A9124301、2010年9月の三沢のインフェルノオレンジのV8車は#2G1FK1EJ1A9124368でした。本日の試乗車は60年代のカマロっぽい淡い黄色だった以前のラリーイエローとはまったく違う強烈な感じの黄色です。カラー名は「ブライトイエロー」、VINは#2G1F91EJ2E9238025、581万円です。

古屋編集長　（クルマの周囲を回ってスタイリングを眺めながら）なんかこう、イメージが随分かわっちゃいましたねえ。こんなでしたっけ。リヤなんかちょっと昔の日産180SXみたいかも。
荒井　「トランスフォーマー」のイメージがなくなっちゃいましたよね。ギョロ目のフロントマスク見ただけでトランスフォーマーって感じだったのに何でこうなっちゃったんでしょう。
福野　そりゃトランスフォーマーのイメージがいやだったからでしょう（笑）。トランスフォーマーから脱却した6thのデザインを5thに前倒し採用してイメチェンしたということですね。
古屋編集長　このマイチェンのイメージで6thをデザインしたんじゃなくて、逆ですか。
福野　いまの自動車開発だと新型車のスタイリング決定はローンチの3年半くらい前。なのでタイミング的にはフルチェンのスタイリング決めながらそのイメージをマイチェンに盛り込んだんでしょう（マイチェン版は2013年秋の'14モデルで登場）。
荒井　新型車のスタイリングのイメージを現行モデルのマイチェンに前倒し採用して、新型車のティザーキャンペーンにするというのは昔からアメリカ車のモデチェンのお約束ですからね。
古屋編集長　トランスフォーマーに変わる2016モデルのスタイリングテーマはなんですか。
福野　トランスフォーマーっていうか、もともと5thのスタイリングテーマは'67／'68カマロでしょ。対して6thは'69カマロなのでは。'69のSSとRSに「L―78」というパッケージがあって、オプションでヘッドライトのスライド可動式カバー形式があったんですが……
荒井　ありましたありました。カバーがスライドして真ん中のグリルの中に滑り込んじゃう。
福野　「ハイダウェイ」と呼んでるやつね。薄目のこの新しいフロントの感じはあれじゃないかな。それに'69はテールランプも3分割×2の細長いタイプだし。

荒井　確かにそう言われると6ｔｈとこの5ｔｈマイチェン版は'69っぽいですね。

福野がカマロを運転、荒井は助手席で動画＋録音用カメラを回し、古屋編集長とカメラマンは撮影車に分乗して出発する。

荒井　この個体はもう乗ったんですか。

福野　先日（2015年4月20日）乗りました。軽井沢でキャディラック・エスカレードの報道試乗会があったんで、そのとき乗って行きました。

西神田ＩＣから首都高速5号池袋線に乗って一路北へ。

荒井　2014年7月登録で、もう1万2831㎞も走ってます。タイヤは2010年に乗ったときの2台とサイズもブランドもまったく同じ、ピレリＰゼロの245／45と275／40の20インチです。3本が2013年29週生産、1本が34週生産と、なぜかクルマよか1年も古いのがついてました。そのせいか、なんか5年前に乗ったときよりも乗り心地がやけに硬いような。

福野　この間乗ったときもそう思った。2010年に乗った初期のクルマはＶ6もＶ8もトレッドの硬いＰゼロでしかも20インチなのに乗り心地がなかなかいいのでおどろいたんですけどね。

荒井　（車検証を見る）形式「不明」で、原動機形式は職権打刻。見事に並行もんですね（日本法人が正規輸入したクルマだが、一般的なディーラー販売車のように国交省に「輸入車特別取扱自動車」の届出をしているのではなく、1台ごとに申請書類を提出して並行輸入車や個人輸入車と同じ方法で登録しているという意味）。車検証記載の車重は1780㎏で前軸920㎏、後軸860㎏です。Ｖ8なのに結構ウエイトバランスいいんですね。51・7：48・3です。

福野　（ステアリングを切って）一番残念なのはこのステアリングですねえ。ついにカマロもＥＰＳ（電動パワーステアリング）になっちゃいました。

荒井　ＥＰＳになったのはＶ８だけらしいです。Ｖ６はまだ油圧とか。

福野　ラックと並行してモーターがついててベルトを回してボールナットでラックをアシスト駆動する方式。ＺＦレンクシステムに買収されたＴＲＷのユニットだと思います。

５号池袋線→東京外郭自動車道経由で大泉ＪＣＴから関越自動車道へ乗る。

荒井　高速乗って巡航に入ったら俄然よくなりました。ウンインドウが遠くて直立してて外の景色が映画のスクリーンみたく流れて行くこの感じも思い出しました。これがいいんですよねリクリエイション・デザインになってからのカマロとマスタングは。ミニとかＦＪクルーザーとか９１１とかザ・ビートルとか昔のクルマのスタイリングを再現したクルマはみんなこの眺めが共通してます。

福野　ＡＴ（６速）はどんどん高いギヤに架け替えるし定常走行に入ってアクセル開度が小さくなると即行気筒停止（８気筒→４気筒）しちゃうんで、パワフルな感じはあんまりない。ゆっくり踏み込んだ場合も４気筒を結構キープしたまま頑張るから、高速巡航の低スロットル開度でトルクの出方を感じながらぐいぐい加速するっていうあの繊細な運転感がないですね。そこがアメリカンＶ８のいいとこなのに。

荒井　アメリカンＶ８の良さと燃費ってのは元来絶対両立できないですもんね。エンジンはＧＭジェネレーション１Ｖの「Ｌ99」型。4・06インチ（１０３・12㎜）ボアのシリーズで、ショートブロックのベースは「ＬＳ３」ですが、気筒休止機構と、あとヘッドに吸排気ＶＶＴも入れてます。６速Ａ

Tは8速になる前にBMWが使っていたGM6L45型から発展した大トルク受容量のGM6L80型です。ビーエムが採用してたのはフランス工場製でしたが、こちらはアメリカで作ってます。

福野　この間それ調べてたら本国の資料にミシガン州イプシランテ・タウンシップのウィローラン・トランスミッション工場で作ってるって書いてあったな。

荒井　どのへんですか。

福野　デトロイトの西。インターステイツ94号沿い。そのまま94号どんどん行くとジャクソン抜けてケロッグの本社があるバトルクリーク通って、行き着く先はどこだと思います？　カラマズーですよカラマズー。

荒井　お～知るひとぞ知る聖地カラマズー。いきなり話題がアメリカらしくなってきました。クルマもいいですがギターっちゃアメリカですからね。アメ車は持ってないけどギターならいっぱい持ってるぞおアメリカ製品。

福野　いえいえアイフォンもグーグルもアマゾンもツイッターもマクドもみんなアメリカ製品です。

鶴ヶ島JCTから首都圏中央連絡自動車道（圏央道）へ乗り換えて狭山日高ICで下り、埼玉県道397号線の狭山工業団地西交差点を右折して国道16号線まで南下、愛宕神社の裏から回り込むように坂を登る。

丘の上は埼玉県立稲荷山公園、道路を挟んで東側から南にかけては航空自衛隊・入間基地の広大な敷地が広がっている。

荒井　ここが「本日のアメリカ」ですか？

福野　そうそう。

西武線池袋駅の踏み切りの脇にある「稲荷山公園駅」は小さな駅である。ここを出発してたった750mのところに次の停車駅である「入間市駅」があってそちらは南口にスーパーやスポーツセンター、UR都市機構の住宅が広がってとても発展しているのだが、こちらは昔の風情のまま。

稲荷山駅は一時期米軍基地の敷地内に半分飲み込まれていた。駅のすぐ横には基地のゲート、東にはアメリカンスクールと基地の敷地。そのすぐ向こう側はいまもむかしも基地の滑走路である。道路を挟んで駅の北側一帯の丘の上には米軍の家族住宅地があって、そこがいまの稲荷山公園だ。

駐車場にクルマを停めて公園の中を歩いてみた。

古屋編集長　すごい広いんですねえ中は。外の道からは想像もつかない感じの雄大さです。

新緑の公園内には大きな桜の木が集まって木立を作り、よく手入れされた芝生とコントラストを成している。土地がゆるやかにうねるように起伏していて外縁をトレースするように舗装道路がカーブしている。明らかに車道の幅員だが舗装は古い。

景色に調和があって明らかにきめ細やかに計算され造成された庭園の趣がある。

福野　ほら階段があるでしょ。ここにも。あっちも。

道路は高速道路の緊急退避所よろしく幅員がところどころ四角く横に広がっている。その背後の地面は一段高くなっていて芝生にのぼるようにして数段の階段がある。苔むして半ば自然に溶け込みつつあるので一瞬気がつかないが、よく見ると公園内のあちこちにこうした小さな階段が残っている。

福野　つまりここが駐車スペースなんですね。家の前の。ここにクルマを斜めに停めて、あの階段を上がって家に入る。つまり（手を広げて）ここにこうやって家が建っていたわけですね。

荒井　うわ〜なんかそうやって考えると不思議ですね。

福野　ワシントンハイツ（現・代々木公園一帯）もグラントハイツ（現・光が丘公園一帯）もカントウムラ（調布飛行場一帯）も本牧のＹＢＤＨ（現・本牧山頂公園／新本牧公園一帯）も、みんな返還後は徹底的に作り替えて接収当時の雰囲気は影も形もないけど、なぜかここは当時のそのまんま。家だけなくなっただけで丘も道も木々もそのままなのね。

古屋編集長　ちなみにここがアメリカだったころは何て呼んでたんですか。

福野　ハイドパークです。ロンドンのウエストミンスターの王立公園と同じ綴りのハイドパーク。

公園に隣接した駐車場の横に狭山市立博物館がある。

同館指定管理者のアクティオ株式会社の鈴木翔太さんに館内を案内していただいた。

２階の展示室には狭山市にまつわる歴史や風土、文化に関する発掘品や宝物、物品などが美しく展示してある。

狭山と言えばもちろんお茶だ。

狭山市は東京都の北側に隣接する埼玉県の南端近くの狭山丘陵の一部分、面積48・99㎢、人口15万２０００（２０１５年）の行政区域。静岡茶、宇治茶と並ぶ日本三大名茶「狭山茶」の産地である。

一帯には縄文時代から人が住んでいたようで、狭山市立笹井小学校の敷地からは縄文時代の住居跡が61軒も出土している（宮地遺跡）。入間川が流れて昔からいい水があり、居住に適した立地条件であったことが伺える。その良水を使ってお茶作りが始まったのは鎌倉時代とも言われるが、「川越茶」

と呼ばれたお茶はいったん衰退、江戸中期・十一代将軍家斉のころ宮寺村（現在の入間市）に住む人物が再開して広め、江戸にお茶を出荷したという。ペリーが来航して横浜が開港されると、狭山茶は生糸とともにアメリカに輸出されている。

入間川は氾濫でも人心を悩ませてきた。1910年8月には異常降雨で川の堤防が決壊、広い範囲で住居が浸水する関東大洪水が発生、灌がい工事が急務になった。

日本で初めて飛行機が飛んだのは1910年12月、いまの代々木公園である。翌年4月には埼玉県の所沢市に日本初の飛行場が作られ、同地に所沢陸軍飛行学校を開設、のちに陸軍航空士官学校となる。戦雲たちこめる1938年、手狭になった所沢から士官学校が入間郡富岡町（現・入間市）に移転、40年には付近の広大な平野を造成して陸軍航空隊・豊岡飛行場が作られた。41年には昭和天皇から「修武台」という地名が与えられている。

終戦後ただちに米軍が進駐してきて飛行場とその施設を接収、第5空軍司令部が設置されて、ジョンソンAFB（＝空軍基地）と呼ばれるようになった。稲荷山の丘を造成して将校家族用住宅地が作られたのは終戦の翌年1946年である。

芝生を敷き詰めた敷地内には変化をつけるために丘や谷が作られ、桜を始め多くの木々が植えられた。内部の車道はぐるり一周して戻ってこれるように周回路になっており、道路の北東端の突き当たりはロータリー（「クルドサック」）になっていた。

1958年ジョンソン基地内に航空自衛隊・入間基地が開設されて日米共同運用がスタート。62年に米軍は横田基地に移転し、63年には管理運用も空自に移ってジョンソン基地の名称はなくなった。

ハイドパークものちに返還されている。

しかし2001年に完全に撤去されるまで公園内には木造の住宅がずっと残っていたらしい。

狭山博物館の展示室には往時のハイドパークを再現した1／150の巨大なジオラマがあった。博物館関係者の有志が作ったものらしい。

当時の雰囲気そのまま残された公園。

当時を再現したジオラマ。

このあたりの人々には米軍基地時代の嫌な思い出があまりないのだろうか。

「狭山ではそういう話は聞きません。ハイドパークやこのあたり一帯のハウス（米軍家族向けの民営借家）に住んでいた米軍の家族と市民との間には、いっしょに交通安全運動をするとか、めぐまれない方々の施設を慰問するとか、地元のお祭りには毎年アメリカの家族連れが大挙してくるとか、ジャズやデザインなどアメリカ文化を満喫するなど、むしろ双方の文化交流がさかんに行われていたと聞いています」

狭山市博物館では2012年11月～13年1月、その時代の思い出を展示したり語り合ったりする「ジョンソン基地とハイドパーク展～アメリカ文化に触れた頃～」という企画展も開催している。

荒井　そういうのはいい話ですね。世の中対立の話ばっかで聞いてだけで心が萎えてきますけど、国境・人種を超えた友情というのは気分がいいです。

福野　対立を煽ることで人心を掌握し権力を握ってのし上がろうとするやつはどこの国にもいる。己の内に誇るものが何もない人間は自分の努力とはなんの関係もなく生まれたときからついてきた国家と人種と言語、あるいは信じる宗教を自慢するしかないから、国家主義的煽動には喜んで飛びつく。どこの国でもこれはまったく同じ。くだらんね。そんなに戦争したいならそいつらだけ火星にでも集まって勝手に戦争しろって。こっちはみんなで仲良くやるから。

古屋編集長　ははははは。まったく本当ですね。

稲荷山博物館は入場料150円。公園を散策したあと、ジオラマを見ながら往時のハイドパークの暮らしを思い描いてみるのも一興だ。

クルマに乗って再度出発。荒井さんが今度はハンドルを握る。

福野　（稲荷山公園駅を見ながら）この奥にむかし私立のアメリカンスクールがあったんですよ。ジョンソンHS（高校）。駅のホームに立つと木造の古い校舎や広い校庭が丸見えだった。高校1年のころその高校に1級上の友達がいたんで、ホームカミングのときとか2回ほど遊びにきましたね。その子の同級生が「メリー」ですよ。

荒井　もしかして「ケンとメリー」の。

福野　ケンメリの初代メリーですね。ダイアン。当時はもう日本中で大変な有名人になってたからとてもそばには近づけなかったけど。2012年の暮れに日本にきたときに始めて会えました。

荒井　いまはもうその学校はないんですか。

福野　1976年に廃校になりました。遊びに行った数年後です。

荒井　高校のほうはいまや影も形もないんですね。「狭山市ふれあい健康センター」とかになってます。

国道16号を渡って狭山工業団地から狭山日高ＩＣへ。行きと同じルートをたどって圏央道経由関越自動車道へ乗る。

荒井　市街地だと路面をがつごつよく拾って段差で衝撃入力も入ってきますが、なぜか高速に乗ると急によくなります。このあたりの変わり身の激しさはヨーロッパ車にはありません。ステアリングは前回乗った5thは2台ともすごく良かったのにあの感じがなくなっちゃいました。ただの典型的な電動パワステになっちゃって残念です。なんで油圧からＥＰＳにするとこうもフィーリングが悪くなるんですか。

福野　油圧アシスト方式ってのは回路に常に油圧がかかってて、ステアするとその動きに連動してバルブが開いてオイルが流れ、操舵力を油圧で押す。だからアシストパワーの立ち上がりが瞬時だし、舵角や角速度に対してアシスト力の出方がリニアなんですね。ＥＰＳってのはモーターの駆動力でステアリング軸（インタミシャフト）を回したりラックを直接駆動したりして操舵力をアシストするんでハンドル中立ではモーターに電気は流れていない。電源オフなんですね。舵を切るとインタミシャフトの軸についている細いトーションバーが操舵力とそれ対する反力（操舵の抵抗）によって捩じれ、その捩じれ角をセンサーで検知して電流を流しモーターを回しアシスト力を発生させる。だからどうしてもアシスト力の立ち上がりにタイムラグが生じる。いったんアシストパワーが立ち上がったあとは油圧式とそんなに大きな差はないんだけど最初の切り初めにどうしても違和感がある。

荒井　じゃあなんでＥＰＳなんか採用するんでしょう。燃費ですか。

福野　燃費、重量、制御性ですね。油圧ポンプをエンジンで駆動するとトルクをロスして燃費が悪くなるし、電動ポンプで油圧を発生しても（電動油圧式）システム重量はそれほど軽くはならない。油圧系にはオイル洩れなどの信頼性の問題もあります。電動だとシステムが簡単で軽量コンパクトなだけでなく電流制御次第で操舵力やレスポンスなどを自在に設定できるから、ユニットを兼用してそれぞれのクルマの性格に最適化しやすいし、同じクルマでもスイッチひとつで設定を可変できる。

荒井　なるほど。

福野　ＥＰＳも初期のころのものに比べたら本当に改良されて良くなってきてますが、油圧ＰＳのクルマに乗ると「やっぱ油圧はいいなあ」「極上だなあ」って思いますね。

荒井　この間乗ったマスタング2・3（7th）もＥＰＳになっちゃって残念でした。あっちは先代5thのマイチェン（２０１０年）からＥＰＳになってたんですが。ということはまだ売ってる5thのV6はナイスフィールの油圧ＰＳを新車で買えるラストチャンスってことですね。

　関越自動車道・大泉ＪＣＴから外環道へ、5号線から山手トンネルに入る。

荒井　しかしシートはやっぱこれもいいですね。

福野　いいですね。文句なし。

荒井　呉と三沢行ったときと同じですね。まったく疲れない。疲労ゼロ。マスタングも良かったけどカマロはもっといいかも。

福野　このシートの面圧分布は背中からお尻、腿、膝裏まで、ほとんど完璧。ベンツ、ＢＭＷ、アウディ、ジャガー、レクサス、ベントレー、みんなシートはいろいろ頑張ってるが、着座性能でこの域に達してるメーカーは他にない。アメ車のシートはホントにいい。とくにこのクルマ。

荒井　しかも1万3000㎞走ってこれですからねえ。多少はウレタンだってヘタってくると思うんですが。

福野　絶妙操舵感と高速巡航中のスロットル開度からの微妙踏み込み即応トルク感は残念ながら消えちゃったけど、高速巡航感そのものとシートの良さは残った。だからカマロまだ悪くないですね。名前と販売台数ばっか誇って中身がないどっかのヨーロッパの「名車」に比べたら、クルマとしての実力は上でしょう。5thはオーストラリア・ホールデン系のプラットフォーム（GMゼータ・プラットフォーム）派生車でしたが、次回6thはキャディラック系（ATS／CTS）の最新アルファ・プラットフォームですからさらに期待できます。キャデCTSはGをかけたときのボディ剛性、サスの動きのしなやかさなんかが1流でEクラスや5シリーズさえ上回っているくらいだったし、EPSも悪くなかった。6thカマロはエンジンも2ℓ4気筒ターボ版が楽しみです。ぜひ日本仕様もマスタングに対抗してダウンサイジングターボ版も入れて欲しい。

首都高環状線内回りから4号新宿線に入って外苑ICで降り、明治神宮外苑の北端にある久留米チャンポンの老舗の水明亭へ。

古屋編集長　あああああ～国立競技場がないっ。完全になくなってる。

荒井　こうやって見ちゃうとちょっとショックです。更地になっちゃったんですね。はー。

古屋編集長　福野さんからはなんか怒りの一言はないんですか。オリンピックの記念碑をこわしやがってとかあんな自転車のヘルメットみたいの作りやがってとか。

福野　うーん。ていうか出来レースだろうがなんだろうが正式な手続き踏んで公開コンペやって審査の結果あのザハの案を採用したわけですよね。建築計画そのものに文句あるんだったらコンペの前に反対しろと。常識でしょそんなの。そんなことも分かんないやつが業界の重鎮だ権威だなんてあきれますよ。建築家って昔から尊敬してたんだが今回の件ではまったく見損なった。

古屋編集長　次回はどのアメリカ行きますか。

福野　考えときます。

２０１５年７月３日（「ル・ボラン」連載「比較三原則」）

ランドローバー ディスカバリースポーツＨＳＥ対アウディＱ５ ２・０ＴＳＦＩ

２０１５年６月22日ジャガーランドローバー・オートモビルＰＬＣはディフェンダーの生産を本年いっぱいで終了することを公表し、２０１３年10月の発表を追認した。スペンサー・ウィルクスの提案によって米陸軍のジープを参考に開発されたランドローバーが発売されたのは１９４８年４月30日のことである。67年間続いてきたひとつの伝統にまた幕が降りることになる。

一方２０１１年７月に登場して以来レンジローバー・イヴォークは世界的な人気を博し、累計生産台数は既に40万台を超えた。いまやランドローバーの主役はこのクルマである。

次なるターゲットはやはり中国。

奇瑞汽車の合弁によって江蘇省常熟市に建設された常熟工場がいよいよ昨年10月21日に稼働。初の中国生産車に選ばれたのもイヴォークだった。

それに引き続いて同じランドローバーLR-MSプラットフォームを使うディスカバリースポーツの中国生産もリバプールのヘールウッド工場に僅かに遅れて立ち上がった。生産終了が決定しているフリーランダー2（2006年～）の後継車という位置づけとされているディスカバリースポーツだが、イヴォークのプラットフォームとパワートレーンを使ってこれをロングホイルベース化、さらにリヤオーバーハングも伸ばして3列7人乗りに対応するという車両企画は中国における生産・販売を大きく意識したものだ。

イヴォークに対し50％のパーツを新製したと豪語しているが、つまり50％は同じクルマということ。スタイリングはイヴォーク同様ジェリー・マクガバン。

世界的成功を博したイヴォークのシャープな表情のフロントマスクとウエッジシェイプのボディシルエットのイメージをそのまま踏襲しつつ、6ライトで背が高くサイドウインドウの広いランドローバーの伝統的なルーミーなキャビンを組み合わせた。

ボディー外板から立ち上げた前傾姿勢のCピラーもフリーランダー1／2が使ってきたスタイリングアイコンだが、これを巧みに利用してボディを実際より短く見せ、キャビンの背高感をかくしている。

期待を見事裏切ってくれたのは乗り味・走り味。

デビュー時のイヴォークはスポーティで機敏な取り回し感を持つ反面、アシが硬く乗り心地が荒く、道路のうねりや段差などの状況に対して挙動のリニアリティが乏しく、いかにもハンドリングの奥行きが浅いという印象が強いクルマだった。マイチェンで駆動系を刷新したが、乗り心地の荒さは変わらない。ランドローバーLR―MSプラットフォームというのは、元を正せばフォードEUCDだ。2007年に登場、フォードS―MAX、モンデオ、フリーランダー2、現行S60／V60を含むボルボ各車に使われてきたが、どうもNVや乗り味にあまりいい印象がない。

しかしディスカバリースポーツの試乗車は生まれ変わったかのような洗練度を見せてくれた。フラットで安定しているにもかかわらず路面からの入力の当たり感のいなしが丸く、安定して落ち着いた非常にいい乗り味だ。段差をパスしたときの大入力時にややバタついた振動感が生じたのがプラットフォームの出所を唯一感じさせたくらいで、同じ母体からの派生車とはとても思えない。

ステアリングはイヴォーク同様EPSだが、操舵力を適度に重くして不感帯からの立ち上がりのゲインも落としているので、正確だがマイルドでしっとりしたフィーリングである。

こうなってくるとイヴォークではいささかじゃじゃ馬的だったフォード・エコブースト2ℓターボの低速からのあのパンチ力も重荷ではなくなる。車検証記載値は1940kg（前軸1110kg／後軸830kg）でイヴォークより180kgも重いが、1800rpm&アクセル開度50%からぐいぐい車体を引っ張るような怪力ぶりを発揮、ZF9速ATの瞬殺シフト+トルクベクタリングと組合わさると、とてもトルク重量比5・7とは思えない痛快な走りが体感できる。試乗中もアクセルを踏込むたびに助手席から感嘆の声が上がった。

どうも「スポーツ」の名がつくとこの会社のクルマは豹変するらしい。

兄貴分のレンジローバー（L405）は、悪路踏破用ウルトラロングストロークのサスを全域ソフト化したらどういう走りのクルマになるかということを身を持って証明してしまったような出来の悪いクルマだが、同じプラットフォームで作ったレンジローバー・スポーツ（L494）はじつに素晴らしい走り味の持ち主で、アシのストロークの長さが引き締まった最適制御によってハンドリングのそこはかとない奥深さに化けていた。

レンジ買うならレンジスポーツと言ってきたが、今度からイヴォーク買うならディカバリースポーツとも言わなければなるまい。

一方のアウディ。

今回借用したQ5は2月27日にマカンと比較試乗した個体（WAUZZZ8R9FA0074 98）と同じだった。よほど借り手がいなかったのか、丸4ヶ月でたった935kmしか走っていない。名作EA888系2ℓターボ+ZF8速AT（縦置きユニット）を搭載、車重は1910kg（1000／910）。トルク重量比は5・46と若干優位で低速からのダッシュはこちらも素晴らしいが、踏込みに対するレスポンス、変速感はディカバリースポーツの方が若干上だ。Q5が勝るのはパワートレーンの静粛性だけである。

フラットな走り味もディカバリースポーツに勝るとも劣らないが、ロードノイズと後席乗り心地は偏差だがディカバリースポーツのほうが良かった。操舵感が軽いQ5は取り回し感はいいが、ハンドリングの感触は駆動系の制御で勝るディカバリースポーツが圧倒する。

フォードEUCD系列母体でマカン／Q5に真っ向から対抗できたことには驚かされた。オンロード主体チューニングに徹したときのランドローバーの実力はレンジスポーツといいこちらといい、まったく恐るべし。

アウディQ5はドイツ（インゴルシュタット）だけでなくロシア（カルーガ）、インド（アウランガーバード）、マレーシア（シャー・アラム）、そして中国（長春）でも生産しているワールドカーで、中国マーケットでのアウディの名声は高い。満を持して現地生産に乗り込んだディスカバリースポーツがどこまで肉薄出来るか、その販売勝負も興味深い。

点数表

基準車＝点数表

基準車＝アウディ Q5を各項目100点としたときのディスカバリー・スポーツの相対評価

＊評価は独善的私見である

＊採点は5点単位である

エクステリア	
パッケージ（居住性／搭載性／運動性）	130
品質感（成形、建て付け、塗装、樹脂部品など）	95

インテリア前席	
居住感①（ドラポジ、視界など）	125
居住感②（スペース、エアコンなどドラポジ以外）	120
品質感（デザインと生産技術の総合所見）	125
シーティング（シートの座り心地など）	105
コントロール（使い勝手、操作性など）	110
乗り心地（振動、騒音など）	110

インテリア後席	
居住感（着座姿勢、スペース、視界などの総合所見）	135
乗り心地（振動、騒音、安定感など）	110
荷室（容積、使い勝手など）	150

運転走行性能	
駆動系の印象（変速、騒音・振動、フィーリングなど）	130

ハンドリング①（操安性、リニアリティ、接地感、奥行）	115
ハンドリング②（駐車性、取り回し、市街地など）	100

総評

これまでにない点差である。ちなみにQ5の兄弟車のマカンにはQ5＝100点に対して95点しかつけなかったから、マカンとの対決ならもっと酷評になっていたということになる。広く明るく運転しやすく速くハンドリングよく乗り心地いいディカバリー・スポーツは、いまのクルマの平均レベルとはまったく別次元にいる。「比べものにならない」というのはこのことだ。Q5がよくないわけではないがディカバリー・スポーツが素晴らしすぎる。

2015年7月15日（「カーグラフィック」連載「クルマはかくして作られる」）

ボディ設計／生産技術

毎月のように豊田市やその周辺の中部地区に通い、四国や山形にも飛んで1万7000㎞あまりを移動しながら高級車のさまざまな設計と生産の技術を見聞してきた。

トヨタのボディ生産システムであるGBL、およびそこで使われている溶接技術などの概要については同社堤工場における取材でご紹介しているが（拙書「クルマはかくして作られる3」に収録）、ここでは「接着」「LSW」「ホットスタンプ」などの新たなボディ生産技術に注目する。

トヨタの田原工場・第2車体工場の生産ラインでは国内および世界から舞い込む注文の順番にレクサスLS、GS、IS、RC、RC―Fの5車種がGBL方式によって混流生産されている。

プレス鋼板溶接セミモノコック構造は400点以上のプレス成形部品を溶接によって締結し組み立てた構造。トヨタの生産方式と名称でいうと、組み立ては数点の部材を組み合わせる「小サブ」と呼ばれる工程からスタート、「エンジンコンパートメント」「フロントフロア」「アンダーリヤ」「サイドメンバー」という5点の中規模アッシーと「ルーフ」「カウル」「アッパーロック」「ロアバック」という左右を繋ぐ小サブが「メインボディファイナル」工程で一気に車体の形状になる。

田原工場ボディ生産ラインのフロアにＩＳのボディのカットモデルをおいた小さなコーナーが設けられていた。

「接着」「ＬＳＷ」「レーザーろう付け」「ホイルハウスアーチヘミング」など、このクルマから本格的に採用された新しい生産技術の使用部位とその概要が端的に紹介してある。

そこに「操安性・乗り心地チャート」というレーダーチャートが掲げられていた。「ヨーの応答性」「ステアリング手応え感」「ロール感」「フラット感」などの操安性の感覚、「ハーシュネス」「ぶるぶる」「ひょこひょこ」などの乗り心地感など10項目に関して旧ＩＳとの比較が記載されている。いわばメーカーの自己採点表だ。もちろん全項目で新型は旧型を上回っているのだが、とりわけチャートの採点が高いのは操縦性の各項目だ。「舵の効く感じ（中〜大舵角）」「リヤ過渡グリップ感」、このふたつには最高評価が与えられている。

ＩＳに初めて乗ったときことを思い出した。

２０１３年4月12日、ＴＯＹＯ ＴＩＲＥＳターンパイク（現ＭＡＺＤＡターンパイク）を借り切って行われた報道向け試乗会、最初のカーブを曲がった瞬間に驚いた。切るとかっと反応し車体のヨーがビルドアップする。前輪が横力を発生してボディがそこにくっついていくというのではなく、ＣＰの立ち上がりとフロントボディの動きがずばり同時だ。頼もしい反力がステアリングだけではなくシートを通じても体に伝わってきて、次の瞬間リヤがぐっと踏ん張り、サスだけがなめらかに上下に動いて路面をトレースし始めた。ボディは空に浮いたまま微動だにしない。

ＢＭＷやレンジローバー・スポーツやＶＷやマクラーレンにあって日本車になかったのは、ようするにこれだ。

舵を切り増すとぐいぐい応答感が返ってくるフィールも素晴らしい。操舵の応答というよりボディ全体が反応する感じが4シリーズ、5シリーズのあの感じそっくりだ。

あの瞬間日本車は新しい次元に踏み出した。その実感があった。

レーダーチャートは社内外から訪れる見学者のためのアピールだろう。しかし難しい新技術を導入しそれをラインにおける量産化に適合させ、高品質で送り出している生産の現場がその努力の効能を己に確かめているかようでもある。

田原工場でレクサス車の生産技術を見た翌日、少量生産車の部品作りに挑戦している元町工場を見学した。

RC―Fのボンネットとトランクをインクリメンタル成形している脇ではMIRAIのボディパネルを半分手作りで生産していた。MIRAIはすぐお隣りにあるLFA工房でアセンブリされているのである。

元町工場の会議室をお借りして、ボディ設計者のみなさんのお話をうかがった。

ISとそれに続くRC、RC―Fは、ボディの主要部の接合に従来のスポット溶接、レーザー溶接に加え、構造用接着剤による接着、およびLSWというレーザー打点溶接法を導入している。

その目的は「接合強度の向上」だ。

第1ボディー設計部 第1ボデー計画室の吉田知身主査はいう。

「ボディの剛性はほとんど構造で決まります。では接合を良くするとなにが違うかというと、変形のレスポンスです」

モノコックボディというのは基本的には柔構造である。操舵して前輪に横力が生じるとボディにそれが伝わってボディが複雑に変形する。単純化してとらえると切り始めの変形モードはおもに1次の横曲げモード、旋回を開始してからの切り込み・追舵では2次の横曲げモードが生じ、そこにねじりモードが加わるという。

操舵によってハナがまず横に動き、ねじれて踏ん張りながら後輪がCFを出す。確かに体感でもその通りだ。

考えてみれば、変形していく過渡では力は変形させることに消費されるからボディは荷重を発生できない。変形が終わった時点でぐっと突っ張って剛性を発揮できる。接合部の強度を上げると素早く荷重を出せるのである。

これが「操縦性の良さ」を生み、さらに「剛性感の高さ」という感覚を生むひとつの要因だ。

ヨーロッパ車では早くからアーク溶接やレーザー溶接などの線溶接、そして接着を採用して接合強度の向上を計ってきたが、はるかに生産台数が多く、世界中で生産展開しているトヨタ車はいたずらに新技術に飛びつくわけにはいかない。その効能を立証しない限り莫大な設備投資に踏み切れない。

そこで比較的生産台数が少なく生産拠点が日本に集約されているレクサスのセダン車に先鋒としての白羽の矢が立った。

ISの開発過程ではスポット溶接に接着を併用した試作車や、締結部をビス止めしてLSWの効果をシミュレートしたクルマを実際に作って生産技術の人員といっしょに乗り比べその効果を実際に体感しあったという。試しにパネルの締結すべてを接着で行ったもの、あるいはビス止めで行った試作車も作ってみたというが効能があるところ以降はサチュレートする傾向も確認できた。

やみくもにコストを投じて接合強度をあげても実効果はともなわないということである。CAEの梁モデルを使ってベンチと実走行試験のデータをもとに全結合部位についてその寄与度を1節曲げ、2節曲げ、ねじりの各変形モードについて算出、生産性や品質の作り込みなどの生産技術的側面からも総合的に勘案してIS、RC、RC—Fでは従来のスポット溶接／レーザー溶接に接着とLSWを併用するという方式を採用した。

誰もが感じることができるその違いを世界中で生産されているトヨタ車に展開していくため、技術部門ではさらなる解析が続けられているという。

ひとつは局部だ。

タイヤの入力が入るサスペンションの着力点回りの部材の接合強度を接着や溶接で高めると振動の減衰性が向上して乗り味が良くなるとともに、ばね下の変位の伝達比が向上してダンパーの動きのレスポンスがよくなる。ヨーロッパ車がさかんに使っているアルミダイキャスト製のサスタワーは構造自体に締結部がなく、肉厚や形状の自由度が大きいため、質量をあげずに局部の剛性を上げて入力に対する振動を低減するのに効果があるという。

もうひとつはクルマの挙動を人間に伝えるシートの取り付け部だ。シート回りのフロアの接合強度を上げ特定の周波数の共振を抑えることによって操安性や乗り心地などの質感が向上する。シート直下に頑強なバッテリーが入っているテスラ・モデルSやMIRAIは確かに振動感や乗り心地がいい。

興味本位で聞いてみた。接着やLSWなどを使って接合強度を上げると、ボディ剛性自体も向上するのだろうか。

「局部剛性は間違いなく上がります。ただクルマのボディは数百のパーツの集まりですから、どこかに剛性の低い部位があると全体の剛性はそこで決まってしまうという側面もあります（＝複数の種類のばねを直列に連結すると、もっとも低いばねのばね定数が全体のばね定数になる）。しかし衝突安全性などのからみでそういう部位も作らざるをえない。剛性に効くという点で案外有効なのはガラスの接着剤です。あれはウレタンの湿気硬化型接着剤ですが、接着剤の剛性を上げるとガラス自体の剛性が開口部の剛性に寄与するのでボディ剛性は上がります。レクサス車から採用しています（渡辺部長）」

クルマの発明以来、動力性能、操縦安定性、ハンドリング、乗り心地、居住性、快適性など、クルマを駆る喜びを創出する技術は、生産台数が少なく製造コストを注入できる高級車とスポーツカーの分野でまず試され、その効果が実証されたのち乗用車、実用車、商用車へと発展・展開されてきた。設計と生産が一体となって挑戦し実現したレクサス車のボディ技術は、間違いなく明日の日本車へと受け継がれて行くだろう。

ホットスタンプ

衝突安全性を向上するにはボディのキャビン回りの強度を高めなくてはならないが、板厚を増せば質量が増加する。そこで現在の自動車はボディの主要部に降伏点強度が高い高張力鋼板を使っている。衝突安全性と軽量の両立度をさらに追求して高張力鋼板の引張強度を高めて行くと、通常の冷間プレス成形では引張強さ１０００ＭＰａを越えるとスプリングバックによる変形や加工割れなどが生じて、成形性や部品の寸法精度が低下する傾向が顕著になる。

ホットスタンプと呼ばれる成形技術は、鋼板を約９００度Ｃまで加熱した状態でプレス成形し、水冷した金型との接触による冷却硬化（ダイクエンチ）によってマルテンサイトを主とした金属組織にして引張強さを１５００ＭＰａ級に高めた超高張力鋼板を得る熱間プレス成形法である。成形荷重が低くスプリングバックがほとんどないため、設計形状の自由度も大きい。すでに世界中の自動車メーカーがボディの骨格部材としてピラー部や開口部回りなどの要所に採用している。

熱間プレス成形には巨大な設備投資がいる。板材を高温炉内に投入して4分間ほど加熱するため長大なガス炉が必要、また成形後の表面に酸化被膜が生じるため、これをショットブラストして除去する工程がいる。トリミングもレーザー加工機で行っている場合が多い。ライン長は一般的に20ｍほどになるといわれる。

トヨタが新日鐵住金、アイシン高丘と共同開発した通電加熱ホットスタンプ工法は、鋼板を抵抗発熱させる方式で、加熱時間が10～15秒と極めて短い（＝CO_2発生量が少ない）。また金型の工夫によって成形と連続してトリミングも行うよう工夫している。亜鉛めっき鋼鈑を使っているためブラスト工程も省略できる。

加熱装置と油圧プレス加工機を並べて配置した結果、加熱装置部のライン長を２ｍまで短縮することができた。
抵抗発熱の場合は電極ではさんで通電した箇所しか加熱しないため、部分焼き入れが可能になる。田原工場内の通電加熱ホットスタンプ設備ではレクサスＩＳ／ＲＣ／ＲＣ—Ｆ用のＢピラー部品を、この部分焼き入れ式ホットスタンプによって製造していた。本体の主要部は熱間成形による焼き入れで１４７０ＭＰａまで引張強さを高め、ピラー根元部は元材料の４４０ＭＰａのまま冷間プレス成形、これによって側突時の変形のモードを最適化するのがねらいだ。

インクリメンタル成形

Incremental formingとは「逐次成形」の意味で、１９９０年代に日本で開発された薄板を成形するＮＣ加工技術である。品物を治具に固定し、球状の先端を持つ棒状工具を3軸ＮＣ機に装着、品物の表面に加圧して押し付けながら目的の形状の等高線に沿って動かし、すこしづつ塑性成形して行く。大がかりな金型や成形設備を使わず、コンパクトなＮＣ加工機だけで薄板製品の一品製作が可能なこと、一般的なプレス成形に比べ低騒音で作業安全性が高く、また金型成形よりも成形限界が大きいため、深い絞り形状やシャープな形状の成形が可能であることなどが一般的なメリットで、旧来の手叩き鈑金加工に代わる技術と考えることもできる。薄板試作品の製作や歯科医療の分野などで使われており、また自動車の分野でも少量生産用として注目され、補給用外板部品の製造にも一部利用されている。

トヨタ自動車ではこの成形技術を少量生産の量産車の外板部品の追加加工用として開発・導入、2012年にGazoo Racingから100台限定で販売されたiQ GRMNの外板加工用に初めて採用した。

レクサスRC—Fでは、プレス成形で製造されたRC用の亜鉛めっき鋼鈑製トランクリッドの上面に、インクリメンタル成形を使った追加工によって昇降式リヤスポイラーの格納部を成形している。またRC—F専用アルミ製ボンネットも、金型で外板形状をプレス成形したあとインクリメンタル成形を使ってエアスクープ取り付け部のみを後加工していた。

NC成形機は汎用のNC加工機システムの一部を応用し機器メーカーと共同開発した独自のもので、見た目も作動も非常にユニークだが、残念ながら詳細は公開できない。

加工すれば当然板は薄くなって伸びていく。伸ばし過ぎれば割れが生じることはむろんだが、伸びによって部品に捩れ変形などが生じることもある。そこで工場内で部品試作を行っているスタンピングツール部の熟練作業者の協力を仰ぎ、手叩き鈑金の技能を解析してプログラムに応用しているという。加工を拝見した感じでは周囲から絞っていって、あとでレーザーで抜く穴底部分に歪みを集めているような印象だった。

元町工場では2台の成形機をフル可動させて580台/月のRC—Fの生産に対応している。

iQ GRMNではオーバーフェンダーの加工、ドアのプレスロゴの加工、さらにボディの外板のラインのシャープ化などにもインクリメンタル成形を使った。従来のように樹脂部品や後付け部品に頼らず、量産部品に追加加工を施すことで、量産車と変わらない強度や耐久性、品質を備えた外板部品を作ることができるというのは、少量生産車にとっては非常に魅力的だ。プレス加工では不可能なスタイリングの実現などにも応用ができるだろう。

LSW (Laser screw welding)

レーザー溶接は非常に強力な熱源を使うため微妙な走査と制御が必要で、出力、ビーム、時間などの条件が最適でないと裏側の鋼板まで容易に貫通して穴を開けてしまう。また重ね合わせた鋼板の隙間の公差にも溶接条件が大きな影響を受ける。隙間が0・3㎜よりも大きいと、裏板に熱が届かなかったり手前側の板が先に溶けて抜け落ちたりして不良になるため、ボディの精度を向上して隙間が小さくなるように公差を管理しなければならない。スポット溶接の魅力のひとつは左右から加圧するため、隙間公差に寛容だという点である。

一方隙間がゼロでも問題が生じる。亜鉛めっきが気化して急激に体積膨張し、溶けた鉄を吹き飛ばして、内部欠陥や穴空きが生じたり、溶接外観の不良などになるのだ。

LSW (Laser screw welding) はこれらの問題を解決したレーザー溶接技術である。ビームの太さや回転速度などの実験を3ヶ月間ひたすら繰り返し、複数回の照射を行うことで亜鉛蒸気の発生を抑制する条件を見つけ、隙間ゼロでも溶接条件が最適に保たれるようにしたという。2012年7月のレクサスLSのメジャーチェンジで一部導入、2013年6月発売のISで全面的な採用に踏み切った。

通常のリモートレーザー溶接は直線上にレーザービームを走査して線溶接していくが、LSWでは2枚のミラー（ガルバノミラー）を駆動することでレーザー光を自在に走査できる設備を使い、直径6㎜ほどの円周上に渦を描くように照射して発熱溶融させ、母材同士を溶かし込み溶接する。レーザーそのものは希土類元素をドープした光ファイバーの両端にミラーをつけ内部で反射させて発振するファイバーレーザーを使っている。

1打点あたりの溶接時間は0・1〜0・2秒と通常のスポット溶接より遥かに短く、片面からの作業もできる。単価も安いという。

一般に使われているスポット溶接は2枚あるいは3枚以上重ね合わせた鋼板を左右から棒状の電極ではさんで加圧しながら1万数千アンペアの大電流を短時間流すことによってジュール熱を発生させ、中心に溶融部をつくって溶接するが、原則的には片側からの溶接はできないし、一般に打点間隔が25㎜以下になると隣の打点部に電流が流出して溶接部の発熱が不足し溶接不良になる「分電分流」という現象が生じる。

LSWには打点間隔の制限が事実上ないため、溶接の間隔をつめて締結強度をあげることができる。レクサスISでは5000点以上のスポット溶接に加え、ドア開口部周辺などのスポット溶接部の間隔を埋めるようにしてLSWをおよそ160打点、増し打ち溶接している。

LSWは小部屋の中で片側3台づつのロボットによっておこなわれていた。増し打ちライン長が大幅に短縮できるため、空いた場所にホイルアーチへミング工程を入れるなど工程を集約化できた。

世界的に注目されているボディ接合技術が接着だ。ＣＦＲＰモノコック構造のボーイング７８７やレクサスＬＦＡでは、基本構造のほとんどが接着による接合である。スポット溶接やＬＳＷはあくまでも点接合だが、接着は面接合だから、２枚の板を完全に接着すれば、板の剛性は理論的には板厚の３乗にアップする。接着剤メーカーなどが公表しているデータでは、スポット溶接構造に対して静的剛性で8〜15％、動的剛性で２〜３Hz、接合耐久性で１００倍〜１万倍向上するとされている（データ：DOW Automotive Systems）。

接着ならアルミと鉄、金属と樹脂などの接合も可能で、異種金属間の電食防止にもなるため、ベンツのような鋼板＋アルミ複合構造の場合は有用性がさらに高まる。

自動車用の構造用接着剤として世界で広く使われているのは熱硬化型1液エポキシ系の耐衝撃性接着剤（ＣＤＡ）で、ボディライン投入前に片側塗布しておき、ラインでロボットが部品を密着してスポット溶接したのち、塗装工程における１４０〜１５０度Ｃ×20分前後の加熱によって架橋硬化する。合金化溶融亜鉛めっき鋼板の接着では、剪断力に対して層間剥離が生じやすいため、衝撃剥離強度などを高めた専用グレードが使われるという。

レクサス車への採用にあたっては生産性の問題を乗り越えなければならなかった。

接着力とは界面の「濡れ」によって生じる分子間力、接着剤自体が発揮する強度である「自己凝集力」、接着面の凹凸に接着剤が食い込むことによる「投錨効果」の三つで、接着面が汚れていると

「濡れ」状況が生じないし、接着剤の塗布量が足りなかったり部品同士が密着しすぎたりすると、接着剤の膜厚が不足して凝集力を発揮できず規定の強度に達しない。そのため接着面を脱脂してからたっぷり接着剤塗布し、圧着してはみ出させるという工法が一般的に推奨されてきた。

しかし塗装工程では水洗、脱脂、りん酸亜鉛被膜処理、電着槽への浸漬によるカチオン電着塗装などの前工程があり、はみ出した接着剤が槽内に落下して汚染する可能性がある。

そこで塗布ロボットおよび塗布検査装置を改良、接着幅の不足やはみ出しの防止などを実現して塗布精度を向上した。また従来はロボットの制御と塗布装置の制御を別々の制御ユニットで行っていたのを統合制御化し、現場の負担も減少したという。

トヨタ車が採用するとなれば世界中の生産工場で導入することになるため、生産技術だけでなく、コストとのバランス、耐久性やリペアビリティの保証などもしなければならない。スポット溶接やLSWと併用しながら適材適所使い分けて行くというのがこれからの方向だろう。

2015年7月23日（「ＡＣａｒｓ」連載「晴れた日にはアメリカで行こう」）

ジープ ラングラー アンリミテッド スポーツ（ＪＬ）

２０１５年６月20日（土）、東京は梅雨の中休みで早朝から快晴だ。午前６時30分、東京・番町の集合場所に真っ黄色のジープ・ラングラーが到着。

古屋編集長　おはようございまーす。今日はどんなアメリカに行くんでしょうか。我々なにも聞いてませんが（笑）。

福野　すみません昨日の夜「クルマはかくして作られる」の校正がやっと終わったとこで、なんにも考えずに寝てしまいました。まあお天気いいし今日はそんな暑くないから……とりあえずクルマ見ましょうか（笑）。しかし凄いの借りてきたねえ。こんなの直球でインプレできないですよ。

荒井　ジープ・ラングラーはあのジープの直系のモデルで、現行モデルはジープ・ラングラーとしては３代目、２００７年発売です。ＣＪの後継車として87年に出た初代ラングラーが「ＹＪ」、96年にモデチェンしたのが「ＴＪ」、２００７年から作ってるこれは「ＪＫ」と呼ばれてます。このモデルでフレームとサスを一新しました。ボディ／シャシは２ドア４座のショートと４ドア５座のロングが

あって、本国ではショートを「ラングラー」、ロングを「ラングラー・アンリミテッド」と呼んでいます。

古屋編集長　そういうことですか。

荒井　ショートのホイルベースは２４２５㎜、ロングは２９４５㎜で、なんと長短で５２０㎜も違いますから本国では別車種扱いなんでしょう。現在ＦＣＡ（フィアット・クライスラー・オートモビルス）ジャパンが輸入販売しているのはショートの「サハラ」３９６万３６００円、同じ値段でロング5座の「アンリミテッド・スポーツ」、ロングでレザーシート仕様４２７万６８００円の豪華版「アンリミテッド・サハラ」の３グレードです、試乗車は真ん中の「アンリミテッド・スポーツ」。この車種だけが17インチタイヤを装着してます（サハラは18インチ）。本車のタイヤは車名と同じグッドイヤーＷｒａｎｇｌｅｒの２４５／75―17です。

福野　フロントリジットアクスルでホイルベース２９４５㎜もあると最小回転半径の立場はいったいどうなる。

荒井　７・１ｍです。リムジンか（笑）。

福野　（クルマの下を覗きながら）フロントはリーディングアームと鋼管ラテラルリンクで支えてます。ステアリングはボールナットですね。油圧パワステってことです。（リヤも覗き見て）リヤも基本同じ。前後コイルスプリングにコンベダンパー。確か昔のやつはホーシングを上下４本のリンクで懸架してたような気がするけど、前後ともリンクは３本ですね。

荒井　エンジンはこのクルマも２０１２年からペンタスター＋ダイムラー5速ＡＴになってます。４

WDはトランスファ付き手動切替パートタイム式で走行中の切替ができる「コマンドトラック」です。
　本国にはロング版にだけスチールトップ仕様が存在するが、日本仕様はオープン仕様のみ。極太の鋼管を溶接した死ぬほど頑強そうなロールケージが組まれていて、運転席上部左右2枚のFRP製トップはそのロールバーに固定。リヤデッキ部分はサイドまで回り込んだ巨大なFRPのバスタブルーフ構造だ。メーカーではこれを「モジュラーハードトップシステム」と呼んでいる。

森口カメラマン　（ドアヒンジを見ながら）ドアも前後とも脱着できるんですね。

荒井　フロントのウインドシールドも昔みたいに前倒しできるのかな。
　全員でいろいろ観察してみるが、8本のトルクスボルトで固定されているリヤデッキははずしても置いて行く場所がないので断念、フロントウインドの前倒し機構もどうやら新車以来（走行9719㎞）一度も動かしたことがないようで、雨漏りの防止のために塗布されていると思しきシールが剥がれる可能性があるので中止。そもそもドアやウインドシールドなしの状態では日本の車両法では整備不良に該当するから公道での走行はできない。結局左右2枚の運転席ルーフだけはずすことにした。これも頑丈なトルクスボルトをゆるめないと取れない。
　それ専用の車載工具は使用各サイズのトルクスビットとラチェットレンチをセットにしたJEEPのブランドロゴ入りだ。

福野　上等な工具乗っけてるなあ。標準でこんないい工具積んでるクルマなんてマクラーレンF1以外見たことないよ。

荒井　持って帰っちゃダメですよお（笑）。

福野　別売して欲しい。こういうの標準ってのはメーカーの良心を感じるなあ。
　運転席に座るとヒップポイントが高く視界は抜群だ。太陽を全身に浴びる。

福野　完璧なキャプテンポジションです。視界と車幅感覚は申し分なし。ステアリングの操舵感も（左右に据え切りして）重からず軽からず、さすが油圧ＰＳでいい感触。これなら回転半径でかくてもギリまで寄せられるから切り返しは楽でしょう。
　ゆっくり段差を乗り越えて公道へでる。

福野　おれ。なんだこれ。

荒井　ゆさぶられなかったですね。かなり覚悟して身構えてたんですが。
　東京都心の裏通りくらい道の悪い場所はそうそうない。新しいビルができるたびに電気工事やガス工事で掘り返されるので舗装は継ぎはぎのがたがた。高速道路なんか乗って何時間も走るより都心の裏道を5分走る方がよほどクルマのシャシや乗り心地のことはよく分かる。

福野　うーむ。

荒井　なんでこんな乗り心地いいんだろ。

福野　（ステアリングを左右に切る）これはもういいなんてもんじゃない。コンプライアンスすごく取ってあるね。

荒井　フラットでしっとりした乗り心地です。段差でも丸く当たってすぐ揺れがおさまっています。

福野　ばね下がばたつきもしなきゃばね上もわなわな共振しない。シャシ剛性もボディ剛性もかなり高いけど、ばねとダンピングのセッティングもどんぴしゃだね。マウントブッシュの容量も大きい。

だいたいエンジンの振動がまったく入ってこないんだからエンジンマウントもいいでしょ。これは想像して覚悟してたクルマとまったく違うな。ちゃんとオンロードに最適化できてる。こんな巨体のリジットアクスル車なのにみごとなもんですね。

荒井　荒井も今日は軍用車に乗るくらいのつもりできましたが意外です。

霞ヶ関ＩＣから首都高速環状線内回りに上がって、一橋ＪＣＴ－浜崎橋ＪＣＴ経由でレインボーブリッジへ。

福野　まいったなあ。めちゃめちゃいいじゃんこのクルマ。このフラットな走りっぷりどうよ。目地の段差でも突き上げなし、うねってても車線変更してもピッチング方向もロール方向も一発減衰、路面の荒れでもロードノイズがまったくあがってこない。前後リジットの本格オフローダーだぜ。どういうことなのこれ。

荒井　ランクル70とかゲレンデワーゲンとか、ああいう乗り心地のクルマかと思ってました。

福野　いまどきのＡＭＧ仕様のアホゲレンデなんかの30倍くらいいいよなあ。30倍はちと言い過ぎか。50倍くらいいか（笑）。

荒井　確かにＡＭＧのゲレンデはひどい乗り味です。

福野　車重2トンオーバーでしょ。ボディの共振周波数高いなあ。ホイルベース３ｍ近くあるのにこのソリッド感は素晴らしいとしかいいようがない。ダンパーのシャフトの動き始めにフリクションがないのでスっとストロークして減衰力がそこからちゃんと立ち上がってる。ダンパーも上等ですが、取り付け部の局部剛性も高い。まあでもそれ言ったらゲレンデだって局部剛性は高いシャシ構造なんで、ばね、ダンパー、ブッシュ、スタビ、あとタイヤね、それらのセッティングのバランスの妙でしょう。実にファインチューニングです。

湾岸線に乗って一路南へ。

福野 この直進安定感。ステアリングも中立がしまってて気持ちいい。こりゃどこまでだって行けるぞ今日は。

荒井 視点の高さが快感です。普段絶対見えない景色が見えます。しかし80km／h巡航でも風の巻き込みが意外にないのがびっくりですね。

福野 髪の毛はばたついているけどウインドスロップ（ブボボボボという風の振動）はほとんどない。風切り音が大きいので二人とも自然に声を張り上げて会話しているけどね。ほとんど叫んでる（笑）。

荒井 エンジンどうですか。3・6ℓ・NAで340Nm、車重は車検証記載値で2020kg（前軸1050／後970）ですから、パワーウエイト比は7・2という若干トホホな値ですが。

福野 絶対的にはちょうどそれくらいの加速感ですが、いまどきのエンジンらしく回転感がスムーズだしATが結構積極的に変速してくるんで、かったるい感じはまったくない。踏めば即応してキックダウンしてシャープに加速してくれる感じ。パワートレーンはなかなか洗練されてます。

荒井 5速ATはダイムラーのW5A580型、5Gトロニックの大トルク容量タイプです。

福野 変速制御はベンツに乗っけてるときよりいいんじゃないかな。

荒井 まあでもこの車重とトルクで5Gトロニックにこれだけきびきび変速されちゃうと、あとが怖いですね。

福野　変速油激でバルブボディのシールがね（ＫＪＳのダニエル社長によるとダイムラーのＡＴはバルブボディなどの部品がアッシーでしか供給されないこともあって故障時の修理費がとんでもなく高いとか）。ちょっと根岸で降りて撮影しましょうか。アメリカ背景に写真撮れるスポットがあるの思い出した。

湾岸線を本牧ふ頭ＩＣで降り、三渓園のある山を南に大きく迂回している湾岸線の下の一般路を行く。右側にはＪＸ日鉱日石エネルギーの根岸製油所の広大な施設。バイパスを降りてUターンし八幡橋から掘割川ぞいに横須賀街道＝国道16号線をまっすぐ北に進んで、睦町１丁目を右折、急坂を登って山の上に出る。

荒井　お〜こんなところにいきなりハウスが。

在日米海軍横須賀基地司令部が管理する米軍根岸住宅地区は中区、南区、磯子区にまたがって広がる約43万平米（約43Ｈａ）の丘陵に作られた住宅地で、戦後すぐの１９４７（昭和22）年10月16日に接収されて以来68年間に渡って存在してきた。敷地内には３８５戸の住宅が建っているが、いずれも１９４７年から48年にかけて日本の建築業者が建てた洋風木造建築がそのままの姿で大事に使われている。

敷地全体は斜面にあるが、入間市の稲荷山公園のハイドパークと同様敷地中央にクルドサックを取り入れた周回車道を作り、あちこちに盛り土をして１戸建て、平屋長屋建、２階建てなどさまざまなバリエーションの家を意識的に作りわけている。住宅と住宅の間には広い間隔が空けられ、非常に変化に富んでいて面白い。Ｇｏｏｇｌｅ　マップで「根岸森林公園」に飛び、その西側一帯を３Ｄビューで見ると全容がよく分かる。
現在返還に向けて準備が続けられており、すでに内部の住宅には誰も住んでいない。3カ所ある出入口のゲートも一部閉鎖されている。米軍住宅の常で外側から内部を眺望できるポイントはごく少ない。

荒井　うわ、お家がかわいいですね。へ〜。

森口カメラマン　よくこんな場所知ってますねえしかし。

古屋編集長　稲荷山公園もあの階段のとこにこういう家がこんなふうに建ってたんですね。

福野　そうですそうです。代々木公園にあったワシントンハイツの建物もまさにこういう感じだった。原宿の駅前のところから渋谷にかけてこういう木造の建物がぶわーっと830戸も並んでた。

荒井　そう考えるとすごいです。原宿のド真ん中にアメリカがあったという。

森口カメラマン　ワシントンハイツは東京オリンピックのときに返還された住宅をそのまま選手村に利用したんでしたっけ。

福野　そうですそうです。入間もそうだったというお話でしたが横浜・本牧や、東京・原宿は衣食文化や音楽など、戦後アメリカ文化の影響を強く受けた町ですよね。本牧はジャズとかロック、原宿はファッションという感じかな。

古屋編集長　日本の住宅と米軍の住宅がこんなにすぐそばにある場所ってのもあるんですね。

福野　陸軍の座間基地やその近くの相模原住宅なんかもそうですよ。金網を隔てて日本の住宅と向き合っている。

荒井　毎朝手を振ったりしてるんでしょうか。

福野　そういう雰囲気はないね。敵対している雰囲気もないけど。まあ先方は2年3年で転居して入れ替わりが猛烈に激しいから、例え顔見知りになったとしてもはかないご縁ですよね。横須賀（海軍）、座間（陸軍）、厚木（空軍）など基地の周辺は非番の米兵が町に繰り出して食堂やバーにもどんどん入ってくるけど、ここや逗子の池子、相模原なんかは扶養家族の住宅だけだし子供も沢山住んでいるから、あんまり近所には歩いて出てきませんよね。

クルマに乗って出発、湾岸線に再び上がって南へ。

幸浦から横浜横須賀道路へ入り、朝比奈ＩＣ、逗子ＩＣを通って横須賀ＩＣで降りる。ＥＴＣが使えない本町山中有料道路を通ると横須賀のヴェルニー公園の真ん前に出る。

福野　そういえば「三笠」行ったことないねこの取材で。

荒井　荒井は一度も行ったことないです。

福野　三笠行ったことないの？　じゃあ行こう。アメリカにも少しは関係あるし。復元のときね。

三笠公園の脇の駐車場にクルマを停める。猿島へ渡る船もここから出ている。運営しているのは横須賀軍港めぐりと同じ会社だ。

占屋編集長　うわ～結構立派ですね近くから見ると。貫禄あって、いい感じです。

戦艦「三笠」は、１９０４（明治37）年にロシア帝国との間で勃発した日露戦争の勝敗を決した日本海海戦において連合艦隊司令長官の東郷平八郎が座乗し作戦行動の指揮を取った連合艦隊の旗艦だ。

1899（明治32）年に日本政府の発注でイギリスのヴィッカーズ・サンズ&カンパニーのバローインファーネス造船所で起工され、1902年に竣工、連合艦隊に配備された。

日本海海戦では敷島、富士、朝日の一等戦艦4隻、扶桑、鎮遠の二等戦艦2隻、装甲巡洋艦8隻、巡洋艦15隻ほか合計96隻の艦艇で構成した第1、第2、第3艦隊を率い、日本海・対馬沖で戦艦11隻、一等巡洋艦5隻、二等巡洋艦4隻など合計38隻からなるロシア海軍第2・第3太平洋艦隊を迎え撃った。1905年5月27日から28日にかけて広範囲な海域で生じた10回に渡る艦隊決戦で、連合艦隊はロシア艦隊の戦艦6、装甲巡洋艦3、巡洋艦1、駆逐艦4など19隻を撃沈、事実上壊滅させている。

ロシア側の戦死者は4545名、捕虜は6106名に上ったが、日本側は水雷艇3隻と116名の戦死者を失っただけだった。

その1月、サンクトペテルブルグでデモ行進中の民衆に軍が発泡し1000人以上の死傷者を出すという「血の日曜日」事件が発生、反政府運動がロシア全土に飛び火して、6月には第一革命が起こる。こうした国内の情勢不安もあってロシアは9月に日本との休戦に合意、日露講話条約が締結された。日本は朝鮮半島や樺太における権益を手中にして一躍世界列強に並ぶことになる。

日本海海戦は海戦史上例を見ないほどの圧倒的勝利だった。それゆえに軍や国民におごりを生み、貧しい国力も顧みず精神力と幾ばくかの軍事力だけを盾に日本が日中戦争、太平洋戦争戦争へと突き進んで310万の戦没者を出すに至った遠因となったことは否めない。

日本海海戦後、三笠は18年間に渡って現役として活躍、ワシントン軍縮会議で軍艦の保有数が制限されたため廃艦が決定すると、東郷平八郎を名誉会長とする三笠保存会が発足して保存運動を展開、東京・芝浦に展示する計画に決まる。しかし１９２３（大正13）年9月1日、横須賀港係留中に関東大震災が発生、大波による揺動で岸壁に激突し前部から浸水して大損害を受けた。

このため展示を横須賀に変更、海岸の岩場を掘って満潮時に引き入れ、艦首を皇居のある北に向けて周囲を埋め立て固定した。

終戦後連合国軍が日本に進駐してくると三笠は接収され、ＧＨＱの管理下に入った。ソ連代表部のクズマ・デレビヤンコ中将は解体・撤去を強硬に主張したが、連合軍極東軍事委員会は三笠を改造して水族館にしたいという横須賀市の申請を受諾、軍艦の象徴的存在である砲、艦橋、マスト、煙突など上部構造物を撤去するという条件で許可した。この結果船体部は解体をまぬかれることになる。

横須賀市の委託を受けた湘南振興株会社は上部構造物をスクラップとして売却、後部上甲板に作ったドーム型の水族館を１９４８年4月にオープンした。続いて煙突上部の甲板には横須賀基地の米海軍水兵の集客をねらったダンスホールも作った。だが昭和20年代後半になるころには客足も遠のいて閉鎖、三笠は見る影もなく荒廃していく。

三笠の建造中から日本の海軍軍人らと交流があったイギリスの民間人ジョン・ルービンが、来日中にその惨状をジャパンタイムス紙に寄稿、これを契機に三笠の復元運動が起こった。１９５９年に三笠保存会が再び設立され、前大蔵大臣の渋沢敬三が会長に就任、48万人の国民から８２４０万円、企業団体から７３４０万円の寄付金が集まった。

太平洋戦争中に米海軍太平方面最高司令官だったチェスター・ニミッツ元帥も運動に共鳴して米海軍を動かし、揚陸艦一隻のスクラップ代金など２４００万円を寄付した。個人的にも寄付金を寄せたという。アナポリスを出て海軍に任官したばかりだったころ日本で東郷平八郎に会ったことがあり海軍軍人として尊敬していたらしい。

復元工事は1959年10月から1年7ヶ月に渡って国庫金9800万円と内外8000万円の寄付金によって行われ、1961年5月27日、義宮殿下（常陸宮正仁親王）の臨席の下に復元記念式を挙行、池田勇人内閣総理大臣、神奈川県知事、横須賀市長、在日米海軍代表ドーリー少将が式辞をのべ、海上自衛隊と米海軍の航空機が編隊飛行を行ったという。

現在の三笠の運営は公益財団法人・三笠保存会が行っている。

森口カメラマン　日本の海軍の戦艦なのに、敵側のニミッツ元帥が復元を手伝ってくれたってとこが面白いですね。

福野　冷戦時代だったからロシアをやっつけた船を英雄視したということでしょう。それに海軍ていうのは昔から船で航海してお互いの国の港を訪問しあったりして交流があるから、海軍シンパシーがある。水兵には水兵で「海の男」同士の見えない絆があるし、士官の世界はどこの海軍でも貴族的な社交と礼節の文化が残っている。帝国海軍軍人にも山本五十六をはじめとして留学経験があって英語が堪能だった人も多い。

荒井　そういえばアメリカの空母とか横須賀港に入ってくるときは水兵さんが礼装して一列に並んでますよね。

福野　登舷礼ですね。

古屋編集長　あれって入港するたびにやるんですか。

福野　クルーズに行くときや帰ってくるときなど家族の出迎え／見送りがあったりするときはやってるね。海外の港を訪問するときはもちろん必ずやる。

三笠は横浜の氷川丸のように水に浮いているのではなく、戦前から周囲をコンクリで固めている。実際には艦底部には水が出入りしているというが。また主砲や艦橋なども戦後に復元されたものだ。しかし甲板下のフロア内部は当時のままで、バイタルパート（防御区画）の229㎜もある鋼鉄の隔壁や主砲下部の弾薬搬送部の丸い外部隔壁、士官食堂や士官室、艦尾に備え付けられた豪華な内装の連合艦隊司令長官室や長官公室などの様子は、往時の艦艇内部の様子を彷彿とさせる。

荒井　いや〜面白かったあ。

森口カメラマン　来てみるもんですねえ。

福野　ちょっと早いけどお昼はやっぱネービーバーガー食いますか。

荒井　「ハニービー」ですか。

福野　やっぱドブ板の「ＴＳＵＮＡＭＩ」に行きたいな。

横須賀基地の3つのゲートがある国道16号横須賀街道の一本裏の路地が有名なドブ板通り。全長430ｍほどの細い裏通りに土産物屋やバー、レストランなどが並んでいて、昼は日本の観光客、夜は迷彩服姿の米水兵でにぎわう。セーラーには「ドブ板」ならぬ「Ｈｏｎｃｈ（ホンチ）」という愛称で呼ばれている。一帯の住所が横須賀市本町なので、案内板にローマ字で「ｈｏｎｃｈｏ」と記載されているからだ。

「ＴＳＵＮＡＭＩ」はホンチの真ん中当たりにある老舗アメリカンダイナーで、巨大なハンバーガーが売り物。夜はバーになっていると思しき2階に案内された。
福野は誘惑に勝てずメキシカンプレートとチリを、他の3人はハンバーガーを注文。店内ではブルーの海軍迷彩姿の下士官が数名、うまそうにハンバーガーを食っている。

森口カメラマン　いい店ですねえ。

古屋編集長が注文したのは肉だけで227g、総トン数580gというジョージワシントン・バーガー（1300円）。

古屋編集長　さすがにデカい。目玉焼きまで乗ってます。食えるかなあ。

なんとかかんとか食べ終わるともう満腹だ。
タコやファヒータやタキート、エンチラーダなどのアメリカ風メキシカン、ステーキやアボカドサラダやバッファローウイング、そして米海軍名物チェリーチーズケーキなど、メニューは豊富でボリュームたっぷり、しかもおいしくてリーズナブルだ。もちろん牛乳付きの海軍カレーもちゃんとある。
お店を出ると長い行列ができていた。おそらくTVでまた紹介されたのだろうが、ウィークデイはいつもこんなには混んでない。もし行くならでも11時15分ころにはお店に入った方がいいかも。

福野　じゃあ帰りは運転して下さい。トップもつけましょう。

荒井　了解です。

トップをつけるときもボルトを締めこまなくてはいけない。ねじの有効長が無用に長いので、ゆるめるのにも締めるのにもやたら時間がかかる。
トップをつけて出発。福野はリヤ席に。

福野　（後席で）ごっついロールバーだな。70φくらいはありそうな。周囲に分厚くパッドが巻いてあるからよく見えないけど。これだけ断面積あると曲げにもねじりにも相当効くでしょう。

荒井　そのパッド入りのカバーって日本の法規で巻かなきゃいけないんですよね。この間乗ったカマロみたく持ち込み登録じゃなくて、ラングラーは型式指定（正式には「輸入車特別取扱自動車」届出車）してますから。

福野　（ロールバーのパッドを観察して）とても日本で作ったものとは思えんなあ。ファスナーで脱着できるようになってるけどぴったりフィットしてる。アメリカのＦＭＶＳＳ（連邦安全基準）のヘッドインジュリーインパクトの規制値だって日本と同じだからねえ（あとで調べてみるとロールカバーのパッドは本国純正だった）。

荒井　結構加速感はいいですね。エンジンが軽い感じです。昔のアメ車のＶ型エンジンのドロついた感じとは違います。ＡＴも切れ味いいですね。踏むと即行シフトダウンします。あとタイヤの接地感がすごくいいです。そこにタイヤがあるって感じがダイレクトに伝わってきます。

福野　操舵感は昔のいいクルマみたいですよね。

荒井　いや確かに。油圧パワステのころはこうでした。やっぱ電動ってまだまだまったくダメですね。むかしのいいクルマを思い出します。

横横道路から湾岸線へ。

荒井　いや〜これは快適。こんな車高の高いクルマでこんな直進感がいいのって初めてくらいです。確かにこれから比べたらゲレンデは真っすぐ走りません。

福野　でしょ。

荒井　以前ジープ・チェロキーとグランドチェロキーで三浦半島一周したじゃないですか。あのときはチェロキーは9速ATが不調で、なんとなく全体に印象もうひとつ。一方現行ベンツMクラス（W166）ベースのグランドチェロキーの方はボディがわなないたり剛性感がゆるかったりはしたけど縦置きペンタスターV6＋ZF8速ATはこのクルマ同様印象がよかったし、室内明るいし、視界いいし、エアコン超気持ちいいし「クルマとはかくあるべし」みたいな感じだったじゃないですか。でもこのクルマはチェロキーよりグラチェロよりさらに印象いいですね。いまどきSUVのチェロキーに比べるとなにもかもがっちりしっかりしてて本物のオフローダーって感じだし、グラチェロみたいにボディのゆるーい感じも皆無です。

福野　リヤの乗り心地もびっくりするくらいいい。フロントより上下動自体は大きくて揺すられるけど、すっと収まるって感じで減衰感がとてもいい。突き上げの角も丸い。FRPトップは細いボルト8本で固定してあるだけなのにミシリともいわない。

荒井　PDIで音止めしてるのかもですね。一回はずしたらきしむような気がします。

福野　これだけ内装材が少ないと固体伝播音は当然低いだろうから、ロードノイズが非常に低いのは納得できる（ロードノイズはタイヤが励起した振動がボディから伝達されて内装を振動させて騒音になる現象）けど、空気伝播音も高くないんだよね。分厚いFRPルーフは共振周波数高いし振動の減衰もいいからそのせいかもしれないけど。リヤ快適ですよ。ちゃんと乗ってられる。

荒井　ぜんぜん普通のSUVとして毎日使えちゃいますよね。

福野　ぜんぜん使える。リヤにも大事な人を乗せられる。

荒井　これでチェロキーより安くて400万切るんですからお買い得ですよねえ。

福野　さっきドブ板の駐車場で通りかかった女性海上自衛官の2人組が「あ、ジープ!」って目を輝かせてたけど、やっぱランドローバーと並ぶ4WDの最強アイコンですよね。ディフェンダーはついに今年いっぱいで生産中止になることが決まっちゃったけど、こちらは正常進化をして完璧に社会適合してる。本当の本物がこんなに乗用車としても出来いいなんて嬉しいですよ。オフロード性能については分かりませんが、とりあえず車体要件(前後リジットサス=超大サスストローク、地上高、各アプローチ/デパーチャアングル、ロールバー、タイヤ)は最高だし、悪いはずがない。そういうクルマがこんだけオンロードの公道を普通にというか、普通以上に快適に走るんだから凄いとしかいいようがない。

荒井　予期せぬ絶賛。

福野　いや驚いたって点では本年度最高ですね。もっと早く借りて乗ってみれば良かった。ただショートホイルベース車は乗り心地/高速巡航性に関しては保証できない。たぶんまったく別のクルマだと思います。

横須賀往復約140km(ほとんど高速道路)で燃費は8・9km/ℓ。JC08は7・5km/ℓなので、100km/h1900rpmというハイギアリングもあって高速が伸びた。一般路走行がやや多かったチェロキーの9・7km/ℓ(AT不調)、グランドチェロキーの10・1km/ℓと比べても、ボディの空気抵抗の大きさを考えれば上出来だろう。他のジープ車同様レギュラーガソリン仕様なので、実ランニングコストは10㎞／ℓのクルマと変わらないはずだ。

2015年8月8日（「ル・ボラン」連載「比較三原則」）

BMW 218d グランツアラー対シトロエン グランドC4ピカソ

3列7人乗りCセグ・ミニバン。こんなにマトモなクルマを作るのが難しい条件はない。

限られたフロア面積の中に7人の乗員のためのスペースとその乗降性の便を確保、重心高が高く空気抵抗が大きくボディ剛性が確保しにくい寸胴ボディでハンドリングと高速安定と3列全席の乗り心地を追求し、こういうクルマをDセグセダンなみ1・6トン以下の重量におさめて高効率エンジンと高効率変速機を搭載し、俊敏な加速性能と巡航性能、そして日本の基準でいえば平成27年基準値＋10％レベルの燃費性能（車重1531～1651kgならJC08モード14・6km／ℓ以上）はすくなくともクリヤできなくてはいけない。

広報車の都合でグランツアラーはディーゼルの218dのMスポーツしか借用できなかった。

2列5人乗りの兄弟分アクティブツアラーの日本仕様は、届出車高値を5mmさげるため、標準車（無印とラグジュリー）に対してもMスポーツのダンパー／ばねを組み込んでいる。このため乗り心地が硬く、ハンドリングにも若干熟成不足の印象があったが、グランツアラーはもともとの車高がアクティブツアラーより90㎜も高いのでそのような措置は行っていない。乗り心地も日本仕様アクティブツアラーよりよくなっている。

アシを硬め、標準の205／60―16に対して205／55―17（試乗車はTURANZAのランフラット）を履くMスポーツでも前席乗り心地はなかなかよかった。室内は3シリーズなみに静か、走りも非常にフラットだ。ボディの剛性感も高い。

サーボトロニック（車速感応式電動PS）は嬉しいことに標準装備で、低中速域から重めのしっかりした操舵感である。重心高の高さにもかかわらず操舵時のロール速度は適正だ。

車重は1610㎏もあるが、1250rpmから330Nmを発揮する2ℓディーゼルターボとアイシン8速ATの組み合わせによる低中速の加速感はともかくすばらしい。スタートからアクセル開度を30%くらいに保持しておくと、とんとん変速しながらエンジンがぐいぐい勝手にトルクを増して加速していくのでアクセルペダルを戻して速度を調整しなくてはいけないくらいだ。BMWの新型1・5ℓ3気筒ガソリンエンジン＋6速ATのあの元気のなさと比べるとまったく別世界の走りっぷりだ。

このクルマを購入する方の恐らく7割以上は21万円高のディーゼルを選ぶだろうが、それで正解である。

対するグランドピカソは相変わらずのプリンス1・6ℓターボ＋アイシン6速AT。165PS／240Nm。

車重は1550㎏とボディサイズを考えれば驚くほど軽い（VWトゥーランでも1580㎏）が、

これに対して車重1390kgのDS4と同じハイギヤのファイナル比を使っている（1〜6速も同じ）こともあって力強さでは218dの敵ではない。ただし相手がガソリン1・5ℓ+6速ATの218iであれば話は別だ。

操舵力はやたらと軽いが、205／55―17のプライマシーHP（ノーマル）を履いた試乗車の前席乗り心地はグランツアラーに負けないくらい良かった。若干フロアが共振する傾向はあるが、総じてボディ剛性、静粛性はおおむね互角という印象だ。

両車2列目、3列目にも乗って見た。

前席の乗り味が良かったから後席もいいとは限らない。この種のクルマはおおむね前席→後席の落差が大きい。

2列目では、グランツアラーも路面由来の上下動、サーっというロードノイズなどが入ってくる。剛性感そのものは高いが、フロアからはぶるぶるした共振も上がってきていた。

3列目でも静粛性が高く運転者と普通の声で会話できるのは素晴らしい。ただし高い位置に座っていることもあってロール速度が早く、普通に操舵していても後ろではぐらりと揺すられる。ちょっと乱暴な操舵でもされようものなら、ゆらりぐらりふりまわされる感じだ。ここに人を乗せているときはハンドル操作をよほど丁寧にしないと酔わせてしまうだろう。

ピカソの2列目の欠点は3人掛けシートの幅の狭さ（幅450㎜）。フロアにもやや振動がくる。静粛性や剛性感はBMWといい勝負だが、大入力で乗り味が大きく変化して、いきなりどたつく傾向がある。

乗降性では一歩リードしているグランドピカソの3列目はこれもシート幅が狭いものの、ロール剛性はグランツアラーより高く、操舵に対する安定感が高かった。上下動そのものやや大きいが横揺れが強くないので、こちらなら多少酔いにくいだろう。

止まっているクルマのシートをいくら座り比べてもなにも分からない。試乗に行ったら試運転だけでなく、必ずセールスに運転してもらって後席と3列目にも乗ってみたほうがいい。クルマの印象が大きく変わることは請け合う。

試乗日は35度C以上の猛暑。

大面積のガラスルーフを持つ両車のエアコン性能はどちらもまったく不十分だった。ガラスルーフとサイドガラスはどちらも赤外線99%カットのグレードではないようで、うっかり触ると火傷をしかねないくらい熱くなっていた。こうなるとキャビン天井に巨大なパネルヒーターがついているようなものだ。

BMWは相変わらずファン速度を上げても気流音ばかりで流速が出ずクールダウン能力自体も圧倒的に不足している。ピカソはこの点かなりマシで風量も一応確保されているし、2列目にも左右独立式の予備ファンが付いている。日本の夏でこの室内容積ならガラス断熱+リヤクーラーユニットは必須だろう。

現場のセールスに聞いたところではグランツアラーの発売以後ミニバンや1BOXなどの日本車ユーザーの来場が急増、1シリーズや3シリーズの販売実績と比べてると下取り車の日本車比率も圧倒的に高いという。しかし今年の夏、買い替えたばかりの外国車に乗って帰省渋滞に突入、BMWのあまりのエアコンの効きの悪さに頭にきた方もおられるのではないか。残念だがこればかりはいくらクレームをつけてもセールスにもメカにもどうしようもない。

日本の夏とは日本車が恋しくなる季節である。

点数表

基準車＝点数表

基準車＝グランドC4ピカソを各項目100点としたときのグランツアラー Mスポーツの相対評価

＊評価は独善的私見である

＊採点は5点単位である

エクステリア

パッケージ（居住性／搭載性／運動性）	85
品質感（成形、建て付け、塗装、樹脂部品など）	110

インテリア前席

居住感①（ドラポジ、視界など）	95
居住感②（広さ、居住感、エアコン性能など）	90
シーティング（シートの座り心地など）	105
コントロール（使い勝手、操作性など）	95
乗り心地（振動、騒音など）	110
品質感（デザインと生産技術の総合所見）	105

インテリア2列目席

居住感（着座姿勢、広さ、視界などの総合所見）	90
乗り心地（振動、騒音、安定感など）	105

インテリア3列目後席

居住感（着座姿勢、広さ、視界などの総合所見）	95
乗り心地（振動、騒音、安定感など）	80

荷室（容積、使い勝手など）	100

運転走行性能

駆動系の印象（変速、騒音・振動、フィーリングなど）	135
ハンドリング①（操安性、リニアリティ、接地感、奥行）	110
ハンドリング②（駐車性、取り回し、市街地など）	90

総評

エンジンについてはスペックの差が大きいため配点から除外した。エンジンの印象を除けば総じて両車非常にいい勝負で、採点結果を平均してみたら連載開始以来初めて同点になった。エンジンをもし考慮に入れるなら、1.5ℓ 3気筒ガソリン+6速ATの218iとの比較ならBMW＝85点、ディーゼル+8速ATとの勝負だとBMW＝140点といったところだろう。

2015年8月22日（「A Cars」連載「晴れた日にはアメリカで行こう」）

リンカーン ナビゲーター 晴天のねむけもぶっとぶ出来のよさ たったV6で昼はメシうま（笑）

福野礼一郎　まいったなー。どうしようか。

2015年7月28日（火）。

今日も空は快晴、関東地方は早朝からぐんぐん気温が上がって午前6時にはもう27度を超えた。しかも湿度がかなり高く、ここ数日に比べるとさらに一段と蒸し暑い。外に出ると外気はほとんどサウナ風呂状態だ。

古屋編集長　おはようございまーす。

森口カメラマン　今日も暑いですね。

福野　こらまたでかいなあ。前に乗ったキャディラック・エスカレードのライバルですね。

荒井克尚社長　いつの間にそんなものに試乗したんですか。

福野　ごめんあれは別の雑誌だ。フルチェンしたじゃないですかエスカレード。なぜか試乗会に呼ばれて軽井沢に乗りに行ったんですよ。カマロ借りて（2015年4月20日）。

荒井　そういえばシャシまで新設計した割には、あんまし出来がよくなかったとかなんとか言ってま

したね。

福野　乗った場所も悪かったですね。当日は大雨で「あそこ行くと雨宿りしながら撮影できますよ」って広報の方が親切に教えてくれた北軽のホテルに行くまでの途中が細い1車線の凸凹道でフレームはしなるわ（ペリメーター式）、ボディは共振してわなつくわ、ばね下はだんだこ跳ねるわで、悪いとこばっか目立っちゃったという。

荒井　そういうことってありますよねえ。

福野　クルマの印象は道次第ですよ。

荒井　でも原稿にはまんま書いちゃうんでしょ。

福野　ウソは書けませんから。

荒井　えーリンカーン・ナビゲーターは1997年に登場した初代から数えてこの「U326」モデルで3代目。ライバルのエスカレードは2年遅れて1999年に登場して2015年のフルチェンで4代目ですが、こちらは2006年にデビューした3代目を2015年にマイチェンした仕様です。本国にはロングボディとショートボディがありますが、日本に輸入されるのはホイルベース3020㎜のショートだけです。

全員　うははははは。

福野　これでショートかよ。

荒井　ショートボディでもエスカレードよりホイルベースで70㎜、全長で95㎜長いんですね。全長5290、全幅2010。

福野　（下回りを見ながら）これも基本トラックのラダーフレームですが、こっちはリヤ独立懸架か。

荒井　リヤサスは「マルチリンク」となってます。「フォードT1プラットフォーム」はこのクルマから登場したそうです。そういやエスカレードのリヤはリジッドでしたね。

福野　しかしごついフレームだな。センターのブレースなんか物凄い断面積。2トン積トラックよか遥かにごつい。

荒井　車検証記載の車重はなんとなんと2770kgです。レンジローバーよかさらに200kgも重い。ひょっとするといままで試乗したクルマの中で一番重いかもです。前軸重1410／後軸重1360で、一応重量配分は51：49だったりしますが。

福野　（運転席のドアを開けると電動ステップが素早く出てくる）お。これもついてるな。

荒井　荒井もさっき試したんですけど、このなにげなくぬらっと出てくるタイミングと素早さが絶妙ですよね。ただ結構サイド方向に張り出すんで、舗道とかにあんまりギリに寄せて駐めちゃうとステップがぶつかっちゃうかもです。気をつけてください。

福野　蒸し暑いなあ今日は。最悪だ。

古屋編集長　どこに行きますか。

福野　きのうの夜からそればっかずーっと考えてたんですけど、どっこも思いつかなくて。夏休みだから東名、中央行くと大変なことになっちゃうし。とりあえず今回も南に行くしかないでしょう。

古屋編集長　また三浦半島ですか。

福野　うーん。しかしインプレもせんといかんしなあ。

運転席によじ登ってシートに座りドラポジを出しながらエンジンを始動。

福野 メーターはいま式のフルTFTだけど、インパネ全体のムードはなんとも古風というか古典的というか、そこかしこにクロームめっきのトリムが使ってあっていかにもフォードですな。好きですが。

荒井 マスタングみたいなインパネですね。本革シートはいかにもアメ車の革って感じで、塗装が分厚くて合皮寸前。ただし柔らかい。糸目もヨーロッパ社の手縫い風トレンドとはまったく違う思いっきりミシン縫いな雰囲気です。

福野 （ドアの内張やインパネ、センターコンソールなどがんがんごんごんと拳固で思い切り叩く）おお〜結構いいじゃん。見た目よりぜんぜんいい。

荒井 内装を乱暴に叩いて「いい」とか「悪い」とか言う人いないですよ。

福野 剛性感の2〜3割はこれで決まるもんね。あとロードノイズはほぼこれで決まる。いやーもうエアコン効いてるよ。アイドリングなのに。

荒井 エンジン掛けて30秒でクールダウンしてきましたね。

ゆっくりスタート、いつものように大妻通りから一本東側の麹町警察通りに出てから半蔵門の交差点へ。

福野 これはこれは。

荒井 びっくりするくらい乗り心地いいです。しかもめっちゃめちゃ静かです。

福野 ボディ／シャシ剛性高いですねえ。ここの裏道は最悪の舗装状態をずっとキープしてくれてるんだけど、フレーム構造車にありがちなシャシのねじれ感とかボディ架装部マウントの異音とかまったく出ない。高剛性のモノコックボディ車のようにソリッドです。

荒井　タイヤもいいような。

福野　タイヤもいいですね。トレッドがしなやかで縦ばねもソフトです。

荒井　ハンコックＤｙｎａｐｒｏの２７５／55―20ですよ。

福野　でもまずシャシ剛性でしょう。シャシが強靭だからちゃんとサスがストロークできてるし、ちゃんとストロークできてるからダンパーもちゃんと減衰力を発生出来てる。だから凸凹を通ってもばね下がドタつかないんでしょうね。あとシャシ／ボディの共振周波数も高いんでわなわなしない。

荒井　先月のジープ・ラングラーに続いて早くも絶賛モードです。

福野　だってこれ一瞬ファントム（↓ロールスロイス）みたいだぜ。

荒井　（笑）ちょっとそれは言い過ぎだと思いますが、確かに視界の高さと静粛性とどっしりした安定感は現行ロールス・ファントムに若干近いもんがあるかもしれません。

福野　このエアコンの効きだ。ファン音まったくしてないしスポット風量（集中的に風が体に吹き付ける感じ）低いのに、車内はもうそよかな高原の空気。ちなみに窓を開けると……（湿った熱風が吹き込む）どわ〜。

荒井　（笑）

霞ヶ関ＩＣから首都高速環状線内回りに上がり、谷町〜一の橋〜浜崎橋経由でレインボーブリッジを渡る。

荒井　お〜。新しい築地市場（＝豊洲市場）の建物がもうほとんど出来てきてます。ヒップポイントが高いからぜんぶ丸見えですね。あれっていつオープンするんですかね。

福野 来年暮れだって（2016年11月7日開業予定）。

荒井 まだそんな先ですか。

有明JCTから湾岸線・下りへ。

荒井 ステアリングは電動アシストらしいですがどうですか。

福野 まったく気になりません。操舵力は軽すぎず重すぎず、ソフト目のアシのセッティングやロール感とぴったりあってます。切るとぐらりよろめくようなことはないし、舵角が鈍過ぎてヨー応答が低過ぎるという印象もない。サス／ステア系は非常なファインチューニングですね。直進性も抜群、まんず文句ない。ラングラーJKに続いてこれまたこのまま地の果てまで走って行けそうです。なんでベンツもBMWもこういうクルマが作れなんのかね。この呑気さは素晴らしい。

荒井 エンジンは従来の5・4ℓV8NA・32バルブのトリトン・ユニットから3・5ℓのV6直噴ツインターボに代わりました。サイクローン・ファミリーのデュラテック35のアルミブロックから発展したユニットで、150bar直噴と0・8barの過給圧で385PS／624Nmの怪力です。フォード・エコブースト最強エンジン。

福野 リッター180Nm近く出してますか。（アクセルを踏込む）いま50％くらいまでしか踏み込んでないけど1500〜1600回転くらいからぐいぐい牽引感がきます。

荒井 車重2770キロで624Nmですからトルク／重量比でいうと4・43です。ということはもし車重が1550kgだったら350Nmということですから、3シリーズでいうと328i並のトルクレシオということです。ちなみに今回のＬＣＩ（マイチェン）で３２８iはなくなって３３０iになりました（トルク値変わらず３５０Nm）。余談です。

福野 確かエスカレードの６・２ℓＶ８ＮＡも同じくらいだったなあ。６２０だの６３０だの。

荒井 （ｉｐａｄで調べる）６２３Nm。ほぼ同じですね。４１００rpmで発生してます。エスカレードは車重２６５０kgですからトルク／重量比４・25です。

福野 一番の違いはＡＴのセッティングですね。同じ6速ですが、アクセル開度の小さい領域では引っ張らずにとんとんとシフトアップしてトップギヤに入れるのは同じだが、踏むとすかさずギヤを落としてトルクゾーンに回転を放り込んでくるという最新ヨーロッパ式セッティングです。エスカレードは昔のＡＴみたいで、なかなか変速したがらない。上り坂で明らかに駆動力が足りなくてアクセルを40％から70％くらいまで踏み増ししてもキックダウンせずに4速とか5速のまま踏ん張っちゃう。それで損をしてました。こちらは小排気量・軽量車みたいな小気味のいい変速感です。

荒井 ちなみにＡＴは「フォード６Ｒ80」です。

福野 ＺＦの６ＨＰですね。６ＨＰ26のライセンス生産。

荒井 アメリカ製ですか。

福野 リボニア（ミシガン州）のトランスミッションプラントでしょう。

荒井 ちなみにクルマそのものはルイビル工場で生産しているそうです。

福野 ウエイン（ミシガン）じゃないんだ。そうか。ルイビル工場って「ケンタッキー・トラック・アセンブリー」だ。Ｆ２５０からＦ５５０まであるスーパーデューティ・トラックを作ってる工場。

荒井　いまギブソンがあるナッシュビルってどこでしたっけ（ｉＰｏｄのＧｏｏｇｌｅの地図を開いて捜す）。

福野　ナッシュビルはテネシー。ただルイビルからナッシュビルまではすぐですよ。クルマで3時間くらい。

荒井　えーとえーとじゃあブルースとロックとカントリーの故郷のメンフィスはどこでしたっけ。

福野　あれもテネシー。ナッシュビルからやっぱ3時間くらい。いいとこですよねえ。人はいいし食いもんはうまいし。アメリカの地名覚えるときはルイビルとかテネシーとかじゃなく、ルイビル・ケンタッキーとかコロンバス・オハイオとかピッツバーグ・ペンシルベニアとか、市の名前のうしろに州名を引っ付けて覚えるといいよ。まあ覚えてもしょうがないけど（笑）。

荒井　Ａカーズのディープなアメ車マニアならそれくらいはいいんじゃないですか。はいじゃあ、アメリカのド真ん中のえーと「オマハ」って街は何州だ。

福野　知らないよそんなの。聞かないでよ。あ、オマハ・ネブラスカだ。ネブラスカ州。

荒井　はずれ〜アイオワ州でーす。あれ、いや違ったネブラスカ州で当たりです。おお〜凄い、当たり。

福野　オマハには戦略空軍の本部があるもんねー（オファット空軍基地）。

荒井　しまった〜（笑）。

道が空いていることもあって、あてどなく湾岸線を南下、本牧ＪＣＴから横浜横須賀道路へ入る。

福野　またこっちきちゃったなあ。

荒井　渋滞がないっていうと、どうしても三浦半島になっちゃいますからねえ。今日もたぶん湘南とかディズニー周辺とか東名・中央は午後から大混雑でしょう。三浦半島はその心配ない。高速混んでも抜け道結構ありますしね。

福野 久里浜の「花の国」のゴジラの滑り台でも見に行って写真撮ってから横須賀ドブ板の別の店でも紹介しますか。この間行ったTSUNAMIの向かいの「どぶ板食堂ペリー」とか。あそこもなかなかいいよ。

荒井 いまやゴジラといえばアメリカ映画ですからね。立派にアメリカですよ。

福野 花の国だと佐原で降りればいいのかな。しかしこんなデカいTFTついてんのにナビがないっちゅうのはどういうことよ。リンカーン・ナビゲーターにナビがない（笑）。

荒井 装備表には「地デジフルセグ内蔵ナビゲーションシステム」って書いてあるんですけど、さっきからなにをどうやっても映らない。

福野 じゃ誰にも映せないな。まあエアコン素晴らしいんで許すけど。ipadあればそもそもナビなんかいらん。

荒井 いや～ホントにでもエアコン見事ですね。3列シートのこの巨大な空間なのにガラスからの輻射熱さえまったく感じない。ガラスとボディの断熱すごいです。ぼんやり外を見てるといまが夏なんだか秋なんだか分かんない。

福野 しかも内外装真っ黒の黒船だもんなあ。

荒井 やっぱエアコンでは日本車とアメ車にかなうクルマはないですね。

福野 あ。あああー。

荒井 はい。
福野 黒船じゃないですか黒船。
荒井 ほ。
福野 黒船、黒船、黒船。黒船じゃないですか荒井さん。
荒井 たったよんはいで夜も眠れずですか。
福野 だって近代日本は黒船来航からスタートしたんでしょ。
荒井 そうかー。確かに「晴れた日はアメリカでいこう」という連載の門出を飾るのにふさわしい絶好のネタですね。すでに我々2回やっちまいましたけど（笑）
福野 えーとえーと、久里浜駐屯地のそばの久里浜港とこにあるな。ペリー公園だっけ。ペリー記念館か。調べて調べて。調べて調べて。
荒井 （検索する）……「ペリー記念館」。あります。休館日月曜。午前9時から。
福野 それだそれ。今日はそこ行こう。ひえーラッキー。
荒井 しかしまだ6時50分ですけど（笑）。
福野 じゃあ浦賀行くぞ浦賀。

浦賀は三浦半島の突端、横須賀市の東部にあって東京湾の入り口である浦賀水道に面している行政区角だ。現在では暗渠になっている長川の河口部分が長さ約1km、幅約260mにわたって入江のように鋭く陸に切れ込んで、天然の巨大なドックのようになっている。

水位は脇を走る県道208号に迫るほど高いが、外海の波が伝播してこないので入江の中は池のように静かだ。まさに造船にはうってつけの立地である。

2003年3月に住友重工・浦賀造船所が閉鎖されるまでの149年間、浦賀船渠は関東地方の建艦の要所のひとつだった。戦前戦中は駆逐艦や海防艦などの小型艦艇、戦後は海上自衛隊の護衛艦などを建造している。横須賀にCVB―41ミッドウェイが配属されていたとき（72～91年）もその改修作業を担当したことがあったという。

荒井　何度もこの道は通ってますけど、あらためて眺めると不思議な風景の場所ですね。背後は山なのに入江がすぐそこまで入り込んで、川でも池でもない。

今から162年前、1853年7月8日の午前5時、マシュー・C・ペリー大佐（代将）指揮するアメリカ海軍・東インド戦隊の旗艦「USSサスケハナ（排水量3824ｔ）」以下4隻の軍艦がこの沖合に現れて錨を下ろした。

その異形に市民は騒然となった。

幕府は翌9日から浦賀奉行所の与力（奉行補佐）を数回に渡って艦艇に派遣、日本に開国を促すアメリカ合衆国大統領の親書を幕府に手渡すことが黒船来航の目的であることを知ったが、ペリー代将は「最高位の将軍に直接渡すのが条件」と強硬な姿勢を貫く。4隻の戦艦は戦闘態勢を取りながら武装した短艇をくり出して近辺を測量したり、空に向けて空砲を発砲するなど威嚇行為を行なった。

14日には本牧沖、15日は富岡沖に移動、「USSミシシッピ（1692ｔ）」は同日羽田沖にも現れている。

「泰平のねむりをさますじょうきせん／たった4はいで夜も寝られず」というあのちょっととぼけた狂歌は、「久里浜村史誌」によればのちに幕府老中となる間部詮勝が詠んだものらしい。だとすれば眠れなかったのは幕府高官だったということになるから、ちょっと深刻度のニュアンスが違ってくる。12代徳川家慶は病床にあった（2週間後の7月22日に死去）。老中首座阿部正弘は米艦隊の軍事的圧力に屈して一行の上陸を許可、浦賀奉行の戸田氏栄と井戸弘道が久里浜港に上陸したペリーと会見する。1853年7月14日である。

県道208号は浦賀の入江から川間トンネルを抜けて久里浜港に出る。開国橋という名の橋で平作川を渡ると、県道212号線沿いに石畳の遊歩道が作られている。「ペリー通り」と言うらしい。

通りに面して「ペリー記念公園」の入り口があった。

クルマを近くのコインパに駐車して公園の中へ。中央に建っている大きな石碑には「北米合衆国水師提督伯理上陸紀念碑」とある。

この記念公園が作られたのはペリー上陸48年後の1901（明治34）年7月14日。ペリーの艦隊に士官候補性として乗務していたレスター・A・ピアズリー退役少将の働きかけで、米友協会が募金を募って作ったという。

公園の奥に2階建てのこじんまりとした2階建ての洋館風建屋。横須賀市の市制80周年を記念して1987年に公園内に開設されたペリー記念館だ。

やっと9時になったが、扉が開く様子がない。

30分前くらいから一生懸命公園の清掃をしていた人がやってきて、傍らに帚を置いて鍵束を取り出しおもむろに玄関の鍵を開けてくれた。

管理の人　はいどうぞ。エアコンつけてありますから。私はちょっとあっちで掃除してますからなんかあったら呼んでください。写真は自由に撮影していいですよ。

古屋編集長　ありがとうございます。

荒井　あの人が管理の方だったんですね（笑）。

記念館の一階は小さなホールになっていて、浦賀沖に停泊中の黒船の姿を模型で再現したジオラマがあった。

蒸気船というのは石炭を燃やして作った高圧の蒸気をシリンダに導入してピストンを動かす蒸気機関（外燃機関レシプロエンジン）で艦側左右一対の外輪を駆動し推進する外輪船のことである。実は蒸気船は4隻の黒船のうち「USSサスケハナ」と「USSミシシッピ」の2隻のフリゲートだけで「USSサラトガ」と「USSプリマス」は駆動機関を持たない帆船スループだった。当時の米海軍ではフリート（艦隊）はまだ編成されておらず、ペリーの艦隊も当時「イーストインディア・スコードロン」と呼ばれていた。いま風にいえば「東インド戦隊」だ。

古屋編集長　（模型を見ながら）蒸気船っていってもマストが3本立ってるんですね。

福野　外輪を使って走るのは湾内や河川をさかのぼるときで外洋航海は帆走でしょう。

古屋編集長　そういうことですか。

福野　だってこんな外輪へらへら回してスピード出るわけない。帆走にはかなわんでしょう。

古屋編集長　フリゲートとかスループっていうのはなんですか。

福野　デストロイヤー＝駆逐艦、クルーザー＝巡洋艦、バトルシップ＝戦艦みたいな軍艦の艦種です。しかしフリゲートもスループも日本海軍の艦種として存在しなかったから邦訳も存在しないんだね。

記念館の2階にはアメリカが日本に開国を迫った背景や、ペリーを乗せたUSSミシシッピが1952年11月にバージニア州ノーフォークを出航し、大西洋を横断、喜望峰を回ってインド洋を横断してマラッカ海峡を通って浦賀までやってきた8ヶ月間のクルーズのルートなどの展示があった。

産業革命後イギリス、フランス、オランダなど西欧列強は資源確保のため太平洋に進出、さかんに植民地獲得競争を展開したが、海軍力で劣るアメリカはこの動静に立ち後れた。そこで鎖国中の日本に目をつけ、1846年5月、東インド戦隊の軍艦2隻を浦賀に派遣して通商条約の締結を求めたが幕府はこれを相手にせず提案を一蹴した。

1850年に第13代アメリカ大統領に就任したミラード・フィルモア大統領から日本開国の任務を拝命したペリーは、海軍長官に提出した計画案の中で「日本を開国させるには大型の蒸気船を沖合に並べて近代軍事力を誇示し、友好ではなく恐怖に訴えることがポイントである」としたためている。

古屋編集長　（記念館の解説を読みながら）それで黒船を4隻並べたのかあ。日本はまんまとその脅しに屈したわけですね。

福野　脅しに屈して開国し、それを引き金に倒幕気運が高まって明治維新に繋がり富国強兵で近代化、たったの88年後にはアメリカ相手に海軍力を持って戦争をしかけたんだから、とことん調子に乗るその国民性にもあきれるけどね。

森口カメラマン　黒船来航のたった88年後ですか太平洋戦争開戦は。

古屋編集長　先月行った三笠の日本海海戦が１９０５年ですから、あれが黒船来航52年後かぁ。

記念館の外に出て記念碑を見る。

碑そのものは仙台産の花崗岩で、高さ３・２ｍ、幅２・４ｍ、厚さ31㎝、重量約10ｔ。石碑表の揮毫は伊藤博文によるものらしい。裏面には英文で「１９５３年7月4日特使としてアメリカ合衆国からこの地に上陸したペリー代将の記念碑」と記してある。

一般にペリーは「提督」とされているが海軍における階級は大佐で、戦隊指揮任務のため一時的にCommondore（＝代将）に任命されていた。

太平洋戦争中には当然ながら「こんなもん破壊してしまえ」という話が出たらしい。

１９４５年2月、記念碑の爆破が試みられたが失敗。結局地元の青年団が縄をかけて引き倒した。しかし8月15日に無条件降伏するとさっそく再建計画が持ち上がり、倒したのと同じ地元の建設会社が11月に再建、以後地元では毎年ペリー祭りを開催している。

福野　はははははは。はははははは。さすが日本人。

森口カメラマン　なんとまあなさけないというかなんというか。

福野　お昼はまた横須賀にいきましょう。

クルマに戻ると車内は蒸し風呂状態。エンジンをかけシートベンチレータのスイッチを入れると、ものの30秒でお尻と背中がひんやりしてくる。

荒井　黒船エアコン優秀だなあ。

浦賀駅の先の浦賀ＩＣから横浜横須賀道路・上り線に乗って横須賀ＩＣまでいく。そこから横須賀市内までは本町山中有料道路だ。
ドブ板通りの駐車場にクルマを駐めた。
福野　こんちは〜。
カキタの店主　はいこんにちは。
ドブ板通りの真ん中へんにある「カキタ」はUS放出品の老舗で、店内には所狭しと米軍の迷彩服やジャケットなどが吊られている。
福野　これ着てみてもいいですか。
店主　はいどうぞ。
荒井　この真夏に真冬もんの綿入れ軍用ジャケットを試着するという（笑）。
福野　冬もんは夏買わなきゃね。
店主　そうだよ。夏は安いから。
古屋編集長　ぴったりじゃないですか。
福野　買います。荒井さん1万円貸して。
店がここに出来たのは62年前の1953年。現在の店主のお父さんが始めたのだという。横須賀にはまだ何軒かミリタリーウエアを扱っている店があるが、ここは値段が安いし置いている品物のほとんどが本物の放出品だ。だいたいそこらを迷彩服姿の本物のセイラーやペディオフィサーがうろうろしてるのだから、見比べればすぐ本物かどうか分かる。
荒井　嬉しそうな顔しちゃって（笑）。

先月行った「TSUNAMI」の向かいの「どぶ板食堂ペリー」へ。同店の英語名は「カフェ&グリルM・C・ペリー」、なんとまさに本日のテーマにぴったりだ。

間口は狭いが店内は広くてきれい。カウンター席の横にボックス席が並ぶ典型的なアメリカンダイナーの作りだ。メキシコの誘惑にまたしても負けた福野以外は「横須賀ネービーバーガー」と「横須賀海軍カレー」がセットになった「横須賀海軍スペシャル」を注文。米海軍のメスホール（食堂）で使っているトレー（通称メストレー）で出てくるのが横須賀ならでは。

帰路は荒井さんが運転、福野はまず3列目に乗る。2列目シート背もたれについているレバーを弾くと前倒れして3列目に楽に乗り込めた。

福野 うーん3列目広い。ヒップポイントが高くてインテリアが全部見晴らせるけど、天井高にも左右幅にも余裕があります。Cセグメント（ゴルフクラス）の後席くらいの居住感は優にありますね。天井にエアコンの吹き出し口があるんだ（丸い吹き出し口のフタを開ける）ちゃんと冷気がふわ〜っと出てきてるよお。すごいなあ。妙に2列目の天井が低くて凸凹してると思ったら天井裏にエアコンのダクトが通ってるのか。

荒井 いや〜結構軽快に加速しますねこれ。2・8トンとはとても思えない。

福野 いま可変サスは「ノーマル」ですか。

荒井 いま「スポーツ」にしました。

福野 これは極端に変わるな。揺すられて振り回されるよ。

荒井 いま「コンフォート」。

福野　観光バスの最後尾の乗り心地ですな。うわんうわん上下に揺動してわなわな振動がきます。これは「ノーマル」のセッティングが図抜けていいね。「ノーマル」なら長距離でもなんとか乗ってられるでしょう。ちょっとウインドウから空気伝播音が入ってきますが。

2列目に移動。

福野　2列目は天井が低くて、それを避けるためにヒップポイントをかなり落としています。床はフラットだし足元は充分広いですが、天井が低くて若干暑苦しい。剛性感は例によって3列目よりやや低い感じ。フロアも若干振動してる。前席からの落差はやや大きいね。

荒井　エスカレードと比べてどうですか。

福野　フロントはこちらが圧倒、3列目もリンカーンが広さと剛性感で勝ってる。2列目は乗り心地と剛性感はまあイーブンかな。足回りの広さで勝っていて天井の低さでは負けている。総じてリンカーン勝ってます。

荒井　キャディラックファンは結構ショックじゃないでしょうか。あっちはフルチェンしたのに。

182・4㎞走って平均燃費は6・8㎞／ℓ。345㎞走行して10・2㎞／ℓを記録したレンジローバー（2350kg／510Nm）、193㎞走って10・1㎞／ℓだったグランンド・チェロキー（2200kg／350Nm）に比べるとさすがに大食いだが、この巨体を考えれば納得がいかないことはないし、ターボでリッター180Nm出しているのにレギュラーガソリン仕様というのは優秀だ。

福野　黒船、予想を上回る出来でした。

荒井　毎月アメ車の実力を見直している荒井です。

2015年9月4日（「ル・ボラン」連載「比較三原則」）

ジャガーXE対メルセデスベンツC200

ベンツのMRAプラットフォームは押出成形やダイキャストなどのアルミ部材と、熱間成形ハイテンやボロン鋼などの高強度鋼を含む鋼板プレス構造を使いわけるハイブリッドボディ構造。フロントサスペンションのダブルウイッシュボーン化（＝5インク化）など、フルサイズFセグメントの技術をDセグにも導入した。

ジャガーXEがたった1年遅れでそこにぴたり追従してきたことにはいろんな意味で驚かされる。当然ながらCクラスを見てから設計を始めたのではこのタイミングで登場できるわけがない。「Dセグメント頂点」をコンセプトに、おそらくCクラスとほぼ同時期から設計／開発をすすめてきたが「無念にもCクラスに1年先を越された」というところだろう。

車体構造に使う材料について、簡単にもう一度おさらいしておこう。

アルミの比重は鉄の3分の1だが、材料としてのばね定数であるヤング率（縦弾性係数）も3分の

1だ。したがって材料の引張や圧縮を使うトラス構造などの部位ではアルミ構造は断面積を3倍にしないと鉄の構造と同じ剛性にはならない。つまり剛性を同じにしたいならアルミ化では軽量化できない理屈だ。

ただし「曲げ」の剛性に対しては、理論的には部材の厚みの3乗に比例して高くなる。鉄と同じ幅で厚みを3倍にできるなら、断面2次モーメントは27倍になるから、ヤング率が鉄の3分の1しかなくても同じ重量でいいなら曲げ剛性は鉄の9倍になる理屈だ。

曲げ剛性が支配的なボンネット、フェンダー、ドアなどの面部材にはこのメリットが単純に適用できる。たとえば鋼板製ボンネットやトランクをアルミに置き換えた場合、厚さを単純に1・44倍にしておけば、断面2次モーメントが3倍でヤング率3分の1だから、鋼板構造と剛性を同じにできる。重量は1・44×3分の1＝0・48だから半分だ。ボンネット、フェンダー、ドアをアルミ化して軽量化するクルマが多いのはだからである。

車体構造の場合は話はもっと複雑だ。アルミ化のメリットがない引張や圧縮剛性と、メリットのある曲げ剛性の要件とが複雑にからみあっている。ボディやシャシの場合は「ぼんやり作ればアルミ化のメリットはないが、巧みに設計すれば強くて軽い構造も作れる」と考えていい。理論的にはあまりメリットがないはずのアルミ設計が最近になってどんどん採用されているのは、上手に作るための解析技術がどんどん進化してきたからである。

ではボロン鋼や熱間成形鋼板などの超高張力鋼板を車体構造に使う理由はなにか。

これも軽量化が目的。

超高張力鋼板は永久変形する強度（降伏点強度）が高いので、同じ衝突安全強度なら材料の肉厚を減らして軽く出来る。しかし前述の通り曲げ剛性は材料の厚みの3乗に比例するので単純に肉厚を下げると剛性が低下してしまう。したがって形状や構造など設計を工夫しなければならない。

軽合金とハイテンとノーマル鋼板を使い分けるハイブリッド車体構造はこうしたそれぞれの材料物性の利害得失を総合的に勘案しながら、それぞれの要求に対して適材適所に使い分け材料と構造と質量を最適化設計していくという思想だ。ボディ設計としては高度な技術だといえる。

日本のメーカーはこの点で大きな遅れを取ってしまっているが、それはやはり生産性とコストの問題があるからだ。

ジャガーXEは成形性に劣るがアルミよりさらに軽いマグネシウム合金材も構造部材に採用、ホワイトボディの重量を251kgにおさめたと公称している。このクラスの全鋼鈑車体は通常300kg近くあるから、剛性と衝突安全性を向上させつつ20％弱の軽量化を達成したことになる。ただしその分を装備やメカに使っているのか車重そのものは軽くなっていない。加えて通常の鋼板モノコックに比べたらボディの製造コストは大幅にはねあがっているだろう。

商品価格は上げられないのだからこれはどう見ても利益率を絞った勝負である。ダイムラーならともかくジャガーのような小メーカーがこういうことをやってきたところが冒険である。タタ傘下に入って以来レンジローバーとジャガーは攻めの姿勢が強い。

Cクラスとの乗り比べは面白かった。

Cクラスの乗り心地の改良っぷりにはいささか驚いたが、注目のボディに関しては剛性感などの出来映えは双璧。パワートレーンはレスポンス、トルク、変速フィールなど、期待通りXEがよかった。一方パッケージやシーティング、取り回し性などセダンとしてのパッケージや使い勝手ではCクラスに一日の長を感じる。XEはXJやXFと同様4ドアスポーツカーに徹したパッケージだが、さすがにこのサイズでこのパッケージを導入すると、後席居住性や荷室容積などはセダンとして通用する限界を下回る。

サスやボディの出来は悪くないがXEの乗り心地はやや熟成不足の感がある。今後の改良に期待だ。

点数表

基準車＝点数表

基準車＝ベンツC200を各項目100点としたときのジャガーXEの相対評価

＊評価は独善的私見である

＊採点は5点単位である

エクステリア

パッケージ（居住性／搭載性／運動性）	85
品質感（成形、建て付け、塗装、樹脂部品など）	90

インテリア前席

居住感①（ドラポジ、視界など）	90
居住感②（スペース、エアコンなどドラポジ以外）	90
品質感（デザインと生産技術の総合所見）	95
シーティング（シートの座り心地など）	90
コントロール（使い勝手、操作性など）	125
乗り心地（振動、騒音など）	85

インテリア後席

居住感（着座姿勢、スペース、視界など）	85
乗り心地（振動、騒音、安定感など）	115
荷室（容積、使い勝手など）	90

運転走行性能

エンジンの印象（レスポンス。トルク、ドライバビリティ）	110

駆動系の印象（変速、フィーリングなど）	130
ハンドリング①（操安性、リニアリティ、接地感、奥行）	100
ハンドリング②（駐車性、取り回し、市街地など）	90

総評　エコブースト+8HPのパワートレーンは文句なしの絶品、後席乗り心地、室内のコントロール性などもベンツをしのぐ出来だが、大きく改良されたC200のどっしりした乗り味・乗り味に比べると走りにはやや熟成不足の感があった。またスポーティカー風に徹したXEのスタイリング／パッケージもここでは高く評価できない。1年前のC200との比較なら前席乗り心地、エンジン印象、駆動系印象でXEが上回るので、おそらく評価は逆転しただろう。

２０１５年９月25日（「Ａ Ｃａｒｓ」連載「晴れた日にはアメリカで行こう」）

キャディラック ＣＴＳ

数ヶ月間に渡って世論を大きく揺るがせ9月に入ってからはその成立を巡って連日のように国会前で反対集会が開かれていた安全保障関連法、すなわち「平和安全法制整備法」と「国際平和支援法」が２０１５年９月19日（土）午前2時すぎ参院本会議で可決成立した。

前者の平和安全法制整備法は改正武力攻撃事態法、改正周辺事態法などの10本の法をひとくくりにしたもので、日本と密接な関係にある国が武力によって攻撃された場合、日本が直接武力攻撃を受けていなくてもその存立が脅かされるような明白な危険があり、しかも他に適当な手段がない場合には自衛隊が武力を行使できるといういわゆる「集団的自衛権の行使」が改正武力攻撃事態法に盛り込まれた「存立危機事態」によって規定されている。

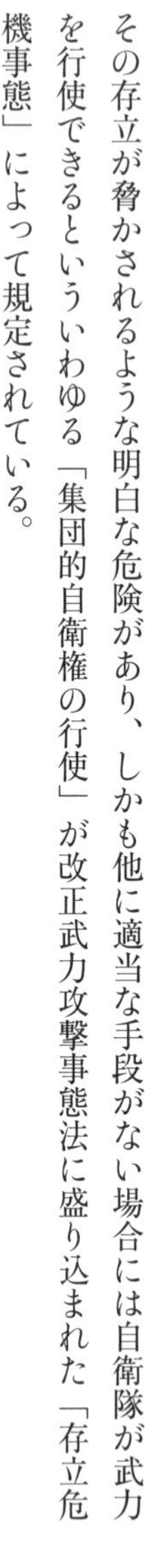

法案成立のおよそ3時間後、シルバーウイーク初日の早朝5時20分。

古屋編集長　おはようございまーす。

荒井　きのうまでとはうって変わってめっちゃいい天気です。

古屋編集長　Ｖ８スーパーチャージャー付きのＣＴＳ―Ｖを借りる予定だったんですが、諸事情で2

ℓ直4ターボのCTSプレミアム（719万円）になりました。

荒井　えーとVINは1G6A85SXXF0117438、15年1月14日登録で走行距離1万1957㎞です。「プレミアム」は599万円の「ラグジュアリー」に加えて、緊急ブレーキ／レーンキープアシスト／アダプティブクルーズなどの安全・快適装備、マグネライドダンパー（＝磁性流体減衰力可変式）と18インチ、電動サンルーフ、液晶メーターなどがついたデラックス仕様です。

古屋編集長　一見小さく見えるんですけど全長4970㎜もあるんですね。ということはEクラスとか5シリーズとかのライバル車ですか。

福野　サイズもエンジンもメカ内容もドンズバのヨーロッパEセグメント級ですね。アメリカ市場でEクラス、5シリーズ、ジャガーXF、レクサスGSなどを迎撃するインターセプターです。

荒井　日本での販売価格もラグジュアリーの599万がEクラスの一番安いやつと同価（ディーゼルのE220ブルーテック）、本日のこのクルマの719万円も、E250（687万円）や523i（693万円）にぶつけてます。本革とサンルーフが標準なんで、それを含めると10万円くらい安い計算です。

足回りなどをチェックしてからスタート。5時35分。今日の試乗車のタイヤはピレリPゼロの245／40―18ランフラットだ。

福野　（段差をどすんと降りて車道へ）今日のはよさそうな感じだな。

荒井　前回のはダメでしたか。

福野　発売直後（2014年3月28日）に箱根の試乗会で乗ったクルマはオプションの19インチ履い

てて（ＧＹイーグルＦ１・２５５／35―19ランフラ）それがサスとまったく合ってなくて、乗り心地も操安性も台無しだった。今日のは乗り出したこの感じからしてずっといい。

荒井　結構当たりはごつごつして硬いですけどね。いつものこの荒れた路面（＝麹町警察通り）ではタイヤが上下する動きが車体に伝わってきます。

福野　Ｅクラスだって5シリーズだってここ走ればこんなもんですよ。２４５／40のランフラでＰゼロでしょ。Ｅ２５０（＝２ℓ直４ターボ）は同サイズだけどノーマルタイヤだし、５２３ｉ／５２８ｉ（＝２ℓ直４ターボ）は同じ２４５―18のランフラだけど45扁平。このタイヤでこれなら悪くない。

荒井　キャディラックというイメージからするともっとソフトでなめらかなスムーズライドを期待しちゃうんで。

福野　いまのＡＴＳやＣＴＳはそういうクルマじゃない。さっき言った通り車両企画はヨーロッパ車への対抗だから。

都道４０１号を横断して北の丸の乾門前の代官町ＩＣから首都高速環状線内回りに乗り４号新宿線へ。

荒井　結構いい加速感ですね。

福野　４００Nmだもんなあ。

荒井（資料を見て）２７６PS／４００Nmですか。とくにトルクがすごい凄いですね。

福野　２００Nm／ℓっていうのはガソリンエンジン世界最高レベル。

荒井　車検証記載車重は１７７０kg。前軸９１０kg、後軸８６０kgです。Ｅ２５０が３５０Nm／１７

50kg、528iが350Nm／1770kg、ジャガーXFが340Nm／1760kgですから、トルクで比べると15%増分で圧倒です（ただし実際に出力される軸トルクはエンジンのトルクにギヤリングを掛けた値）。

福野　前に乗ったやつはもっと軽くて、確か前後50：50だったと思ったけどな（1700kg／前850kg／後850kg）。牽引力自体は確かにあるんだけど、このもっさりした変速制御の6速AT（GM6L45型）が最新のエンジンとなんともマッチしてないなあ。ボディもサスもエンジンもいまのヨーロッパ車の最先端にまったくヒケを取ってないのにATだけ10年古い。ベンツの7速はともかくビーエムとジャガーの超絶レスポンス・瞬間変速のZF8速には完敗です。エンジンのパワー差がそれで帳消しになってる感じ。

荒井　8HPくらいレスポンスがよくてショックレスだと、エンジンがパワフルなのか単にキックダウンして低いギヤに落としているだけなのか区別がつかないですもんね。

福野　まさしくその通り。

4号線から中央高速へ入るが、掲示板には早くも渋滞情報が。

荒井　朝6時からもう渋滞ですか。まさか全員横田基地に向かってるとか。

車速はどんどん遅くなってついに停止。

荒井　（予定表を見て）あららら止まっちゃいました。

福野　（エアコンの設定温度を下げる）

荒井　なんかエアコン効かないですね。（ウインドウを開ける）外の方が涼しいくらい。このガラスにも70％って書いてありますけど赤外線カット率ですか。

福野　ですね。サイドガラスの断熱よくないね。前に乗ったときは春だったこともあって快適だったですが。

荒井　（ガラスサンルーフに触る）天井はよく断熱してますが。

国立府中の手前でなぜか渋滞は自然解消してクルマが流れ始める。

荒井　なんだったんでしょう。上り坂渋滞かな。

福野　え〜6速100㎞／hで2000rpm。結構ギアリングが低いです。前回ターンパイク走って分かったのは5000回転超えてもパワーカーブがだれこまず5800までしっかり回るってこと。もうちょっと全般にハイギヤでもいいくらい。

荒井　ハンドリングとかどうなんですか。

福野　前回の試乗車はタイヤのマッチングが悪くて、うねりや段差をパスするたびに荷重が大きく変化するんで、いっときも気を抜けないコーナリングだったけど、Gをかけたときのボディの剛性感とサスの動きのしなやかさなんかはEクラス／5シリーズに遜色ない感じでした。このモノコックは開口部回りなどの接着線長118mだからEクラス／5シリーズより長いんですよ。操舵フィール（ZF製並行モーター式ラック駆動式電動PS）も悪くないし、実力は相当高いと思います。

渋滞の読みが甘く、なんとなんと集合時間に4分遅刻して横田基地の第15ゲートにようやく到着。パスポートや免許証を見せてゲートをくぐり、米軍将校扶養家族住宅敷地内にある駐車場にクルマを駐車する。

横田基地広報部が用意してくれたバスの中にはＴＶや雑誌などの報道関係者がすでに乗り込んで待っていた。

古屋編集長　失礼しました〜。すみませ〜ん。

荒井　うわ〜バスまでアメリカのスクールバスそのものです。映画見てるみたい。

いったんゲートを出て国道16号線を横断、道路の反対側にある「ターミナルゲート」と呼ばれる第12ゲートから基地内に入る。

いきなり景色はもうアメリカだ。

荒井　荒井は米軍基地初体験ですが、ホントにまんまアメリカです。入った瞬間アメリカ。空の色までアメリカに見えくるから不思議です。

福野　そうなんだよねえ。

真っすぐな黒いアスファルト道路の両脇に平らな茶色い屋根を乗せた明るいベージュ色の低い建屋がならんでいる。

建物の周囲や舗道の脇には青々とした広い芝生の植え込みがあって、いずれもきれいに刈り込まれていた。早朝なので歩いている人は誰一人いないが道路にもゴミひとつ落ちていない。

アメリカそのままの風景といえば確かにその通りかもしれないが、同時にディズニーランドの園内と同じくらいどこか現実離れした雰囲気もある。シュワルツネッガーの「ラストアクション・ヒーロー」というコメディでハリウッド映画の世界の中に迷い込んだ少年があまりに整然として美しい街並を見て「こんなの現実じゃない、絶対ここは映画の中だ」と確信するシーンがあるが、なんだかそんな感じだ。

基地の中には戸建て、集合住宅、マンション形式などの扶養家族用住宅も併設されているが、住まいや庭の芝の手入れに関しても厳しい規則がある。だらしのない生活や行為は軍の士気としてゆるされない。なにもかも整然として絵に描いたようなのはやはりここが徹底的に管理・運営されている基地の中だからだ。

ときおり建物の合間から巨大な滑走路が見える。武蔵村山の森はその向こう側に低くかすんで遠い。東西約2・9㎞、南北約4・5㎞、総面積7・14平方ｋｍ。横田基地は福生市、瑞穂町、武蔵村山市、羽村市、立川市、昭島市にまたがる広大な施設である。敷地の真ん中に1本だけある滑走路は全長3955ｍ（うちオーバーラン部605ｍ）。もし東京都心にあったとしたらこの滑走路は東京ドームの正面入り口から銀座4丁目の交差点付近まで達し、皇居全体がランウェイとエプロンの内側にすっぽり包み込まれてしまうだろう。

もちろんここは日本の国土（大半は国有地）、日米安全保障条約と日米地位協定（「日本国とアメリカ合衆国との間の相互協力及び安全保障条約第6条に基づく施設及び区域並びに日本国における合衆国軍隊の地位に関する協定」）に基づいて米政府に提供されている。基地内には管制塔、管理施設、格納庫、貯油施設、消防署、倉庫などの基地施設に加え、兵舎と住宅、スーパー、レストラン、ガソリンスタンド、学校、託児所、スポーツ施設、車両整備工場などの生活施設もあるが、それらの施設の建設費と維持費は日本政府が負担している。施設の運用を支えているのはおもに日本人従業員で、事務所員も含め約2200人が勤務しているが、その給与なども日本の負担だ。

1・3㎞ほど走ったところでバスは停止、車内で取材許可証をもらい、バスを降りて建屋の中に案内される。

そこでコーヒーとドーナツをごちになりながら約1時間のプレスブリーフィングを受ける。

横田基地には地球の東半球全域に物資を輸送する能力を持つ空中輸送部隊である第374空輸航空団とその支援部隊が駐屯しており、飛行場としては極東全域の兵站輸送のハブ基地の役割をしている。毎年の友好祭では戦闘機や攻撃機などが展示されているが、三沢や嘉手納とは違って戦闘部隊は配備されていない。

第374空輸航空団の各空輸飛行隊は災害派遣などにも出動しており、2013年11月フィリピンで100万棟以上の家屋が損壊するなどの大きな台風被害があったときも横田基地から物資をピストン空輸して支援にあたった。

横田基地のもっとも重要な機能は司令部だ。

1972年、在日米軍は占領時代から関東地方各所に点在してきた飛行場や基地、扶養家族住宅などを閉鎖・返還し横田基地にこれらを統合集約する「関東空軍施設整理統合計画」を立案。立川飛行場、府中基地、キャンプドレイク（朝霞）などの各基地、調布飛行場脇にあったカントウムラと練馬のグラントハイツ（現在の光が丘公園）などの住宅地が返還された。このとき在日米軍司令部と第5空軍司令部が朝霞と府中から横田基地に移動してきた。

また2012年3月には航空自衛隊の防空戦闘部隊（戦闘機部隊／高射部隊／警戒管制部隊など）

を指揮・統括し有事の際は米軍と連携してミサイル防衛を担うＢＭＤ統合任務部隊の指揮も担当する航空自衛隊航空総隊の司令部庁舎が横田基地内の第5空軍司令部に隣接して作られ、共同統合運用調整所が設けられた。

ブリーフィングでは日米の連携の重要性を何度も強調していた。航空自衛隊のことをＪＡＳＤＦではなく「kouku - Jieitai」と呼んで表記するのも最近風らしい。

古屋編集長　ドーナツまでアメリカの味です。死ぬほど甘いです。

荒井　航空自衛隊の司令部が横田基地の中にあるなんて初めて知りました。そこまで連携が進んでいるだったら違憲だなんだ言ったたって安保関連法案を通すのは予定の算段だったってことですね。

福野　なにが違憲かなんていまさら教えてもらわなくても昔から憲法9条2項に書いてある。なんたってまあ守れもしない法律作んの得意だかんな。首都高60㎞／ｈで走ってたら追突されるってんだ。

森口カメラマン　はははは。ホントですね。

歩いて友好祭２０１５の会場へ。

毎年開放されているのは滑走路の横にある幅１７０ｍ、長さ2・3㎞もあるエプロン（駐機場）の南半分部分。それでも長さ1・1㎞はあるから、ＪＲ青梅線・牛浜駅近くの第5ゲートから入ってエプロンの端まで優に2㎞は歩くことになる。

今年で友好祭は第64回目を迎えるが、8月のお盆明けの週末に例年開催していたスケジュールを２０１４年から9月へと1ヶ月遅らせたため少なくとも猛暑の中で熱中症になる心配だけはしなくてよくなった。それでもコンクリの照り返しはきつく、じりじりと太陽に照りつけられる。

会場内にはハンバーガー、ステーキ、トウモロコシなどを炭焼きしている各種出店や衣料品を売っている店など今年も90店が参加。昼近くになると長蛇の列になるのでとりあえず早メシにすることにした。選んだのは1800円のリブアイ炭焼きステーキ。手渡されたドリンクはなんとROCKSTARのパーフェクトベリー味。強烈なフレーバーでしかも16オンス缶だ（473㎖）。

古屋編集長　こんなもん毎日食ってりゃ太りますよね。

荒井　あ〜、ROCKSTAR3本も買いこんでるー（笑）。

福野　だってこのフレーバー日本で売ってないんだもん。MONSTERよりぜんぜんうまいじゃん。

エプロンの北側には米空軍、海兵隊、海軍、航空自衛隊、陸上自衛隊などの軍用機28機が並べられ、内部を公開している機体も多数。一番人気は昨年に続いて普天間基地からやってきた海兵隊のオスプレイMV―22Bだ。行列は100m以上に伸びていてさすがに断念。

古屋編集長　本物は結構でかいんですね。

森口カメラマン　ローターが異常にでかい。こんなのがぶんぶん回って垂直に上昇するなんて。

福野　そのせいで実際以上に危険な代物に感じちゃうんでしょう。航空機としては長年の夢をついに実現した機械なんですが。

荒井　今年はF―22はいないんですね。ステルス見たかったのになあ。残念。

毎年ハワイのヒッカム基地から飛来する第535輸送飛行隊のC―17Aの内部に入ってみる。

荒井　うわ、中ひろっ。

福野　「GODZILLA」とおんなじだわ。ははは。

古屋編集長　あれに出てきた飛行機ですか。特殊部隊が飛び降りるシーンの。
福野　テールレターが「ＨＨ」だったから、同じ基地の機体ですね。ヒッカム。
古屋編集長　よくそんなとこまで見てますねえ。
福野　そこだけじーっと見てあとは早送り。見ちゃいらんない。
荒井　ゴジラってよか平成ガメラでしたよね。
福野　いや私は平成ガメラは好きですよ。怪獣映画は昭和29年の「ゴジラ」、昭和36年の「モスラ」、平成「ガメラ」の３本以外いらない。
森口カメラマン　まさかゴジラ第1作も封切りでみたとか！
福野　さすがに生まれてなかったけど「モスラ」は封切りで「アワモリ君売り出す」と2本立てで見ました。神戸の映画館で。
古屋編集長　マジですか。ザ・ピーナッツですか。
福野　東京に帰ったら東京タワーがまだ立ってるんでびっくりしました（笑）。お。Ｐ—８Ａが来てるじゃん。ポセイドン。あれは初公開でしょお。
Ｐ—８Ａを近くで見てから、10時30分に再集合場所に行く。ここから再び報道陣向けバスに乗り、第12ゲートから外に出る。
荒井　いやー面白かったです。でも基地の中がもっと見てみたかった。レストランとか入ってみたかったです。

帰路は荒井さんが運転、福野は後席に乗る。

国道16号を南下し、八王子ICから中央高速上り線へ。

荒井　昔のV8ほどのたくましさもV8サウンドもないですが、2ℓ直4とはとても思えないくらいトルクはありますね。言われなきゃ3・6ℓのV6NAだって素直に信じると思います。ハンドルの感じも座っているし、直進性もいいです。レーンキーパーも結構いい感触だし、アクティブクルーズもレスポンスいいです。

福野　公平に言ってEクラスに負けてないでしょ。

荒井　デザインとかインテリアの趣味や質感とかはともかくエンジンやミッションの感じ、サスやボディの剛性感なんかは負けてないですね。ATはちょっとZF8HPにはかなわないですが。

福野　リヤはセンタートンネルでかいしルーフ低いし天井が低くて真っ黒で広々感はぜんぜんないけど、このタイヤだと乗り心地自体はやはり悪くないですね。フロントからの落差が少ない。ちょっと上下にうるうる振動があるけどロードノイズは低いしハーシュもソフトです。後席の乗り心地と快適性はEクラス／5シリーズよりいいかも。

荒井　でもなんかこう横田基地と違って「アメリカ」を感じないんですよねえ。レクサスとかジャガー乗ってるみたいです。むかし福野さんが大掃除して仕上げたビュイック・リビエラなんてすごく良かったじゃないですか。もうドア開けた瞬間アメリカ、日本にいながらにしてアメリカ。

福野　いまのキャディラックは世界最新の自動車技術を満喫したいアメリカ人のためのクルマだからね。ボルトやテスラ・モデルSと同じ。往年のアメリカ車好きの人のためのクルマじゃない。

荒井　なんか残念です。

福野　いやジープ・ラングラーとリンカーン・ナビゲーターがあるじゃないですか。

荒井　カマロもコルベットもありますが、本当のアメ車はやっぱセダンだからなあ。リンカーン・タウンカー（１９９８〜２０１１）なんか死ぬほどよかったですよねえ。

福野　タウンカーはいいいな。

荒井　タウンカーまた欲しいなあ。

福野　（ｉＰａｄを見ながら）お。あ。大変だ。大変。「ＶＷ／アウディがアメリカのディーゼル排ガス検査をクリヤするためにディフィートプログラム使ってたのが発覚」だって。

荒井　なんですか。

福野　ＶＷも不正を認めたって。制裁金最大１８０億ドル。うわ〜。これはえらいこった荒井さん。こんなの安保改正どこじゃないぞ。世界激震だ。大スキャンダルだ。

荒井　え。え。え。ＶＷヤバいですか。

福野　もちろんＶＷがディフィートプログラムなんかもし使ってたとしたら間違いなくアメリカの大気汚染防止法違法だから刑事訴追も民事訴追もされる。ただじゃすまない。でもこれは間違いなく世界的なスキャンダルになるからＶＷだけじゃすまないよ。厳密にいえばどんなクルマだって試験モード以外の運転領域では基準なんてパスできないんだから。

荒井　みんな不正はやってると。

福野　いやいやそうじゃない。ほとんど実現不可能に近いほど厳しい規制・基準なんですよ。だから公正に定められたテスト方法や測定基準を指標に、ぎりぎりのところでクルマを作ってる。通過騒音規制だって衝突安全だって全部そう。その範囲外ならどんなクルマだって基準はパスできないけどそんなの当たり前。設計基準外だからね。

荒井　はい。

福野「設計基準外の条件では機械は作動できない」って事実まで「手抜き」と同じにする人間はモノの道理が分かってない。どんな「安全車」だって200㎞／hで欄干に衝突したら全員即死、絶対に安全なクルマなんて物理的に絶対にできない。排ガスも同じ。だけどバカマスコミがまたぞろいつの偽善論をふりかざして「絶対あってはならないことだ」と世論をかきたてたら、世界中の自動車メーカーが犯罪者あつかいされかねない。その可能性大だぞこれは。

荒井　ともかく月曜日VWの株は暴落ですね。

福野　その程度ですめばいいけど。

帰路は順調、昼過ぎに早稲田鶴巻町の編集部駐車場に到着。112・1㎞走って9・6㎞／ℓという燃費だった。NEDC（新欧州ドライビングサイクル）のモード燃費もUrbanで約7・9㎞／ℓ、Combinedで約11・8㎞／ℓとかんばしくない。ATがこうだとやはり相応の大食いにはなる。この世に魔法は存在しない。

２０１５年10月22日（「ＡＣａｒｓ」連載「晴れた日にはアメリカで行こう」）

ジープ レネゲード

２０１５年10月14日（水）朝６時。明けたばかりの空は曇りがちだが雲は薄く、ところどころに水色の空も顔を出している。

古屋編集長　おはようございます。今日はジープの新鋭レネゲードを借用してきました。

森口カメラマン　写真で見てたイメージより結構大きいですね。もっと小さいのかと思ってました。

荒井　４２３０×１８０５×１６９５㎜のホイルベース２５７０㎜ですから、車高が高い以外はミニ・クロスオーバー（４１２０×１７９０×１５５０㎜、ＷＢ２５６５㎜）、ルノー・キャプチャー（４１２５×１７８０×１５６５㎜、ＷＢ２６０５㎜）、プジョー２００８（４１６０×１７４０×１５５０㎜、ＷＢ２５４０㎜）などヨーロッパで近年大人気のＢセグ・クロスオーバー車とほぼ同じサイズです。こちらの「オマハオレンジ」（１Ｃ４ＢＵ００００ＦＰＢ７５６４３）が１・４ℓターボ＋６速ＤＣＴのＦＦモデル「オープニングエディション」、あっちのカーキ色のほう（１Ｃ４ＢＵ００００ＦＰＢ９２３１８）が２・４ℓ・Ｖ６ＮＡ＋９速ＡＴ＋４ＷＤの「トレイルホーク」です。ちなみにこの「コマンド」という色はなぜかカタログカラーではありませ

ん。ネットのウワサでは廃盤になったとか。

古屋編集長　この色とこのピラーの迷彩（ピラーに貼るオプションのステッカー）がいいと思ったのに。

荒井　逆にあんまりミリタリーのイメージにしたくなかったのかもしれませんね。「モハベサンド」というアースカラーも設定ないし。日本仕様はオレンジ、黄色、白、黒、シルバーなど主にビビッドなカラーだけです。そもそもジープの名前はついてますが、本車は先日発売になったBセグ・クロスオーバー車のフィアット500Xの兄弟車です。

福野　500Xは売れそうだなあ。

荒井　カッコいいですからねえ。チンク頼みの一本足打法だった全国のフィアット系ディーラーはきっとすごい嬉しいでしょう。

福野　なんかいま和歌山のモデナの坂本さんの笑顔が浮かんだ。クロスオーバーが「カワイイミニ」としてはスタイリング的に完全に滑っているのに対して、500Xはうまくチンクのスタイリングをクロスオーバーに発展させたましたね。500Lはちょっと微妙な感じだけど（＝日本未輸入のBセグMPV）。

森口カメラマン　ようするにアメリカ製のジープとはまったく関係なくて中身はフィアット500ってことですね。

福野　えーといやいやチンク（＝フィアット500）はフィアットーEUフォード系のプラットフォームでフォードKa（初代&2代目）といっしょでしょ。あともちろんパンダとランチャ／クライスラー・イプシロン。こちらのSCCSプラットフォームはオペルとフィアットの共同開発で最初グランデプントで出てきたプラットフォームですよね。だからデビューは随分前（＝2005年）。

荒井　じゃあひょっとしてアルファのミトと同じですか。

福野　その通り。エンジン／変速機も基本同じ。（リヤサスを覗き込んで）あでもこっちのリヤサスはパラレルラテラルリンクのストラットか。懐かしいリヤサス形式ですねえ。ミトはTBAですからね。（4WD車のほうものぞく）リヤサスはFFと同じ。4駆のサスをFFに使ったって感じかな。このクルマはブラジル生産？

荒井　イタリア製って書いてありますが（ドアの開口部に貼ってあるステッカーにメイド・イン・イタリーと記載）。

古屋編集長　イタリア製かあ。ぜんぜん「アメリカでいこう」じゃありませんけど、まあジープのブランドってことで今日はゆるしてもらって。

荒井　ウィキペディアを見ますと500Xといっしょにイタリア・メルフィにあるSATAで生産。あと北米市場向けはFCAのゴイアナ工場とマレリとフォルシアの合弁会社の「FMMペルナンブーコ・コンポネンテス・オートモーティボス」で生産するって書いてあります。

福野　ブラジルの工場は2カ所あるのか。知らんかった。

古屋編集長　それって間違いなくFCAジャパンの人が自分で書き込んでますよね。

荒井―福野組はオレンジのFFモデルのほうに乗り込んで出発。

荒井　インパネの真正面に「SINCE1941」って書いてあります。太平洋戦争開戦の年ですよね。ウィリスMBが生まれたのってあの年だったんだ。

福野　（車道に出て走り出す）なんとなんと。これは。

荒井　いい感じですねえ。突き上げも揺動もなくて。

福野　コラムアシスト（電動PS）かな。操舵力がかなり軽くて頼りないし、ブレーキのジャンプ特性が若干唐突ですが、ボディとサスはこれなかなかいいですね。段差も非常にまろやかに乗り越えたし、おおきな揺動がない。

荒井　BS・TURANZA・T001の215／65―16です。

福野　外見はSUVで地上高も高いですが、タイヤも含めて完全に乗用車に徹してるんですね。FF買う人は全員乗用車としてこのクルマを使うんだから、これで正解です。ジープ型乗用車でいい。

いつもの麹町警察通りの悪路を走る。

荒井　ここでこの乗り心地は素晴らしいです。とてもフラットでマイルド。

福野　文句なしですね。ヘタなセダンよかぜんぜんいい。サスのストロークがたっぷりあってアシが上下によく動いてるし、ダンピングも適度に効いて車体をフラットに保ってる。ピッチング方向の無用な動きもほぼゼロです。

荒井　自分のクルマ（BMW218d）に比べて乗り心地の良さにびっくり。ここ走るとドコドコン、バコボコバンって、結構凄いですから。

福野　剛性感も高い。内装材の剛性と取付もしっかりしてます。

霞ヶ関ICから首都高速環状線内回りへ。

荒井　こんなとこにもジープのフロントマスクのモチーフ（左右のヘッドライト＋縦型スリット）発見。内外装あちこちこのマークだらけ。凝ってますよねえ。さらに発見。

福野　縦スリット何本ですか。９本？

荒井　本車と同様７本です。

福野　なんだあ。

荒井　レネゲードのシンボルマークは「ばってんマーク」ですが、これは「１９４０年代に米軍がガソリン運搬用に使用したジェリー缶の表面にデザインされていたもの」だそうです。

福野　確かにジェリ缶の表裏には変形防止にばってんのプレス成形がしてありますね。インダストリアルデザインとしてはいたって平凡なクルマだけどグラフィックデザインはさえてますね。

荒井　そんなオシャレなインテリアのデザインの魅力を一人でブチ壊しにしている方がここにボコーンといらっしゃいますが（インパネのド真ん中に後付けされたカロッツェリア製ナビのこと）。

福野　これもパネルぶった切ってる？

荒井　（裏を覗いて）切ってますね。

福野　完全に同一人物だろこれカマロにナビつけた奴と（笑）。

荒井　ははははは。押さえのステーといいまったく同じ手口ですね。

福野　でもまあ某ラジオ屋に罪はない。ＴＦＴにナビすら写さないメーカーが悪い。そんな台数少ないか。

荒井　（車検証を出して）いやしっかり型式指定取ってますよ。ちなみに車重は何キロだー。

福野　クロスオーバーのＦＦ（１・６ℓ）が１３４０前後だから、いつもの話でそれよか50～60㎏重いとか。

荒井　お～、ほぼ正解１４００㎏ぴったしです。前軸８５０、後軸５５０です。

浜崎橋ＪＣＴで横Ｇを書けながら段差をパス、そのあとレンボーブリッジに乗るまでの接続部のひどい路面を走る。

福野　並行ロールですねえ。リヤからぐらっと姿勢がくずれる。でもバンプ／ストロークで後輪がほとんどトー変化してないから挙動は安定してて、Ｇをかけながらの段差通過は合格ですね。懐の深いサスです。ボディもしっかりした感じで衝撃入力でも異音はでないし底つき感もない。イタ車とはとても思えないくらいボディ／サスはいい。

荒井　ははは。せっかくホメてるのにひとこと多いです。

レンボーブリッジから湾岸線下りへ。

荒井　パワートレーンどうでしょ。直４の１・４ℓターボ＋６速ＤＣＴ。エンジンはミトにも積んでましたね。２３０㎚というトルク値はミトのハイパワー版で６速マニュアルとの組み合わせしかなかった「クアドリフォリオ・ベルデ」と同じですが、発生回転数が２３００から１７５０rpmに下がってて、あと馬力も１７０psから１４０psになってます。このＤＣＴはドコ製ですか。

福野　アルファのＴＣＴと同じＦＰＴ製（自社グループ内製）ですね。エンジンとの協調制御はうまいです。変速の速度が速くショックレス。エンジンもミトに積んでる仕様よりはるかに低速のトルク感が出てます。車重はたぶん１００㎏くらい重いはずだけど、まずまずパワフルですね。トルク増幅がないから発進は若干元気がないけど（＝ＤＣＴ）２０００回転前後くらいからなめらかにパワーがでてきてそれなり力強く牽引します。ライバルのＶＷ１・４ターボ＋ＤＣＴに比べると低中速／低アクセル開度からのパンチは若干負けてる感じかな。静かでスムーズでこれはこれでいいパワートレーンですね。ただし踏込むと瞬間流量が５㎞／ℓに落ちるまで吹く。燃費はどうかな……やっぱいまの表示で平均燃費９・８㎞／ℓしかいってない。

荒井　ＪＣ08＝15・５㎞／ℓです。

福野　まあＶＷの１・４も手放しでホメられるのはポロ用とか以前のタイプだけで、ゴルフ以降のは気筒休止がついちゃったんでドライバビリティがトロいですよね。あれよりかはずっと素直でいいかも。

大黒ＰＡで降りて、車両を交換する。

福野　なかなかいいですねこのクルマ。広いし静かだしよく走るし乗り心地いいし、小型乗用車のお手本のようなクルマ。

古屋編集長　マジですか。こっち（４ＷＤ）は街中で乗り心地硬いし、高速乗ったら乗り心地はよくなったんだけど今度は真っすぐ走んないし、結構なんか手こずりました。

荒井　（タイヤを見る）オールシーズンです。グッドイヤーのＶｅｃｔｏｒ　４Ｓｅａｓｏｎｓの２１５／60―17。

こちらは「ＭｙＳｋｙ」という名称のオプションのデタッチャブルサンルーフ付きだ。

荒井　これってフロント側は電動チルト＋アウタースライドサンルーフなのにデタッチャブルでもあ

るんですね。

トルクスのねじを専用工具で半回転させてからロックをはずすと簡単にトップが取れた。後部側トップもやはりワンタッチで脱着可能。重量は比較的軽く、片側から一人で持てる。外した2枚のトップは専用のケースにぴったりと収まってトランクの床に収納。

福野　つまりこれ前後のパネルのサイズは完全に同じってことか。

荒井　そういうことですね。アウターは前後共用かもしれません。

福野　これはちょっといままでにないメカですね。収納性も文句なし。よく練ってある。どこのサプライヤーかなあ。

「トレイルホーク」で再度出発する。

福野　うわなんだこれ。トレッドぐにゃぐにゃやんか。（段差を乗り越える）

荒井　同じクルマとは思えない乗り心地。

福野　（加速して本線に合流する）なるほど。確かにこれSATが非常に低い。ちょっと操舵するとそのままその方向にどんどん偏進してっちゃう。サスのアライメントはFFと基本同じでしょうから、これはタイヤが大きいでしょう。（ハンドルを左右に僅か切り返してみる）

荒井　おっとお。

福野　アシが固い割にロール剛性はさっきと同じですね。リヤが崩れる並行ロール。硬いわ切るとよれるわSATはないわ、そういうクルマをこのあてどなく軽いステアリングで運転しなきゃいけないんだからぜんぜん言うこときかない。すごく運転しにくい。これは古屋さんが首をかしげるのも無理ない。

荒井　分からないもんですねえクルマってのは。

本牧ＪＣＴを左に出て新山下ＩＣで下道へ降り、山下公園へ。

福野　いましたいました。

荒井　あ〜、大さん橋にあんなのが停まってる。でか〜。

２０１５年は3年に一度の「観艦式」が開催される年回り。

ＶＩＰの居並ぶ眼前を兵士が行進し戦車が走る「観兵式」のいわば海上版で、観閲するのは最高指揮官（＝内閣総理大臣）、観閲されるのは海上自衛隊の護衛艦や潜水艦、航空機やヘリなどだ。自衛隊の装備や士気を展示して内外に威容を誇示するのも目的なので一般の見学者も広く募っている。

観艦式本番は10月18日（土）だったが、10（土）からの1週間を「ＦＬＥＥＴ ＷＥＥＫ」と命名、護衛艦の係留地や海上自衛隊の基地などでイベントや広報活動が行われた。12日（月）と15日（木）は本番にそなえてクルーズする護衛艦に同乗できる「事前公開（体験公開）」を開催、10日（土）、11日（日）、14日（水）、17日（土）の4日間は護衛艦などの艦内を一般公開した。

横浜では国際客船ターミナルとしての機能をもつ「大さん橋」で最新鋭ヘリコプター搭載護衛艦ＤＨ１８３「いずも」を一般公開。近くの新港ふ頭では高速無人標的機ＭＱＭ74ＣとＢＭＱ―34ＡＪ改を運用する高速訓練支援艦ＡＴＳ４２０２「くろべ」、潜水艦救難艦ＡＳＲ４０３「ちはや」というユニークな機能を持つ艦艇も艦内公開した。

「いずも」はジャパンマリンユナイテッド（ＪＭＵ）横須賀事業所磯子工場から公試に出発するときに、電源開発・磯子発電所のそばの磯子海つり場からＢＭＷ２１８・iとのツーショットを撮影した（２０１４年12月16日）。今回は残念ながら見学の申し込みも取材申請もしていなかったのだが、大さん橋の屋上のフリースペース（「くじらのせなか」）には誰でも入れるので、そこから「いずも」の様子をすぐ間近で見ることができた。

荒井　おお〜すごいかも。

古屋編集長　近くでみると迫力満点です。これってどれくらいの大きさなんでしたっけ。

荒井　「全長２４８・０ｍ」「満載排水量２万７０００トン」「乗員４７０名」、搭載ヘリコプターはＳＨ—60Ｋ哨戒ヘリが7機、ＭＣＨ—１０１輸送・救難ヘリが２機って書いてあります。「最大積載数14機」だそうです。

「いずも」は全通甲板のヘリ母艦としては世界でもかなり大柄な部類だ。前級のひゅうが型より大幅化したのは輸送艦、補給艦、病院船などの機能も併用するためで災害派遣の際など洋上支援基地や一時避難施設として使えるように設計した。一見「強力な兵器」に見えるが武装は自衛用のＣＩＷＳとシーＲＡＭが２基づつついてるだけで魚雷発射管やミサイル用ＶＬＳ（垂直発射装置）などの攻撃兵器は装備していない。

古屋編集長　いくらくらいするんですかねえ。それも機密ですか。

福野　自衛隊の装備の調達費用は防衛白書ですべて公開されてます。１２００億くらいじゃなかったかな。建造中の２番艦「かが」と２隻で２４００億。そうりゅう級潜水艦が１隻５１３億円（リチウムイオン電池型は634億円）であと16隻（全部で22隻）作る。一機150億のF35は42機買うんだっけ。それから比べたら建築家がべーべー泣きわめいて反対した国立競技場なんて安いもんですなあ。

午前8時、国旗掲揚／課業開始ラッパとともに満艦飾の掲揚がはじまった。

艦艇間は昔からの伝統的儀礼で国際信号旗を使った旗旒信号を行っている。それに使うのがアルファベット26種と数字10種、代表旗、回答旗などからなる国際信号旗だ。艦艇は祝日や式典、記念日などに祝意を表してこの信号旗をロープに一列にくりつけ艦首↕メインマスト↕艦尾に午前8時から日没まで掲揚する。海上自衛隊の艦艇と支援艦は「FLEET WEEK」中は連日掲揚、日没後午後10時までは艦首↕メインマスト↕艦尾を1mほどの間隔の電球で飾る電灯艦飾も行った。

クルマに乗って三溪園入り口から湾岸線へ。福野はFFのリヤ席に試乗。

福野　うん。FFはリヤもやっぱ乗り味いいですよ。振動感の減衰が爽やかだし空気伝播音（風切り音等）も固体伝播音（ロードノイズなど）も低い。若干ハンドル左右に切ってもらえますか。

荒井（転舵速度をあげて左右にほんのちょっとづつ操舵する）

福野　ロール剛性はやっぱ低いですが、ダンパーはちゃんと仕事してるんでそれほど揺すられる感じはないですね。いや〜乗り心地完璧じゃないですかFFは。あと20㎜ヒップポイントあげてもいいなあこれだけ天井高いんだから。（メジャーを取り出して座面から天井までを計る）余裕で1000㎜あるよ。20㎜ヒップポイントあげて前方見晴らし性あげて欲しい。

左手のジャパンマリンユナイテッド（JMU）横須賀事業所磯子工場に、8月27日に進水して艤装中のいずも型2番艦「かが」が見えた。

福野　日本はクルマのカッコは最悪だけど、陸自の車両にしても海自の護衛艦にしても兵器のカッコはいいね。デザインしたエンジニアの知性の高さを感じる。スウェーデンのビスビュー級とかノルウェーのシェル級ミサイル艇とか、あとアメリカのズムウォルト級とかみたいな世界最新のステルス艦から比べると、いずも型は若干コンサバなんだが、艦艇としての伝統的な威容というものをちゃんと備えている。ジェラルド・R・フォード級やイギリスのクイーンエリザベス級にだってぜんぜん負けてない。

横浜横須賀道路を横須賀ICで降り、本町山中有料道路で横須賀市街へ。ウイークデイの朝なのでショッパーズプラザの横の野外駐車場が空いていた。

横須賀ではここを母港とするこんごう型DDG174「きりしま」、DD101「むらさめ」、DD116「てるづき」のほか、舞鶴の第3護衛隊所属のDDG177「あたご」が一般公開。また観艦式に参加した4隻の海外艦艇も公開された。

古屋編集長　今日は平日だけど10時から運行するそうです。切符買えました。

「YOKOSUKA軍港めぐり」は株式会社トライアングルが企画・運営して行っている遊覧クルーズだ。ショッパーズプラザのすぐ脇にある汐入ターミナルから出航し、米軍横須賀基地がある横須賀本港を右舷に見ながら吾妻島を外回り、海上自衛隊の司令部と栈橋がある長浦港の艦船や施設などを船上から見学する。所要時間は約45分。

これに乗るのも2回目。前回はポルシェ・ターボの試乗のときだった（2014年2月18日）。

観艦式のために呉、佐世保、舞鶴などの基地からやってきた海上自衛隊の艦艇の一部が長浦港に停泊しており、湾内は艦艇で満員状態。今日の「YOKOSUKA軍港めぐり」は見どころ満載だ。

突堤にはフランス海軍のフリゲート艦F734「ヴァンデミエール」が停泊、タグに押されてインド海軍のフリゲートF49「サヒャディ」がちょうど接岸したところである。

米軍施設のなかにある海上自衛隊・第2潜水隊群の桟橋には5隻もの潜水艦が停泊していた。うち2隻がセイル前方にフィレットがつき、後舵がX型になっている新鋭のそうりゅう型。潜水艦は艦番号を表示していないので定かではないが、横須賀・第4潜水隊所属のSS505「ずいりゅう」とSS506「こくりゅう」だろう。

スターボードにアメリカ海軍のCVN―76「ロナルド・レーガン」が見えてきた。

CVN―73「ジョージ・ワシントン」に代わって日本に配備されたニミッツ級原子力空母の9番艦。この8月10日にはサンディエゴ海軍基地で「ロナルド・レーガン」と「ジョージ・ワシントン」の乗員が一斉に引越をして互いの艦を交換するという大掛かりな「ハルスワップ」が行われた。10月1日に航空甲板に「はじめまして」の人文字を描いて登檣礼で入港した「ロナルド・レーガン」だが、実は操艦要員の士官・兵3200名のうち約2500名は元「ジョージ・ワシントン」かの乗員で、家族がすむ日本に帰ってきただけ。もちろん座乗の第5空母航空団（厚木基地）の航空機と機材、2500名の航空要員もいままで通り。艦が「ロナルド・レーガン」に変わっただけである。

古屋編集長　やっぱ「いずも」よりデカいですね。どれくらい違うんでしたっけ。

荒井　「長さ333m」「10万1500トン」て言ってましたが（データを見ながら）長さより幅がデ

カいです。いずもは「幅38・0m」ですけどレーガンは「76・8m」です。

福野　まあ機械っちゅうのは同じ機能なら小さくて軽いほどえらいからね。デカさばっか話題になるけど、アングルドデッキを採用した1950年代初期のフォレスタル級以降アメリカの空母は寸法的にはほとんど変わっていない。エンジニアリング的にはむしろそこが凄い。次世代のジェラルド・R・フォード級原子力空母（CVN78〜）が来年就役するけど、大きさも重さ（＝排水量）もニミッツ級に比べまったく大きくなってない。サイズ死守してる。

荒井　マツダ・ロードスターみたいですね。

福野　その通り。なにも考えずにぼんやり作ればこんなものはどこまでも長く大きく重くなる。だからこれはデカいというより「必要最小限のコンパクトネス」と言うのが正解。

森口カメラマン　でかいの喜んでるうちは素人ってことですね。

古屋編集長　空母ってみんな大統領の名前なんですか。

福野　「ニミッツ」（CVN—68）は提督、「ジョン・C・ステニス」（CVN—74）は上院議員、フォード級3番艦の名は「エンタープライズ」（CVN—80）ですよ。

「ロナルド・レーガン」は10月12日に一般公開、観艦式の当日の18日には安倍総理が乗艦した。

帰路は4WD「トレイルホーク」を運転。横須賀PAでFFの「オープニングエディション」の後席へ。

福野　うん。やっぱFFだな。素直で静かで乗り心地いいしよく走る。クロスオーバー、キャプチャー、2008と比べるとボディ／シャシは一番いい。これで297万円ならまず文句なしでしょう。

レネゲートＦＦ、期待以上の出来でした。間違えて４ＷＤ買わないようにね。

2015年10月27日（「ル・ボラン」連載「比較三原則」）

ボルボV40 D4対マツダ アクセラ スポーツXD

マツダがフォード傘下に入ったのは1979年11月。

そのマツダ株の大半をフォードが売却したのが2010年11月。

航空宇宙分野にも事業展開していたボルボの乗用車部門がフォードに売却されるというアナウンスがあったのは1999年1月で、その持株を中国・吉利汽車（Geely Autobobile）の親会社である浙江吉利控股集団に譲渡したのが2010年8月。

マツダとボルボがフォードを介して業務の協力関係にあったのは、したがって99年から2010年までのわずか11年間に過ぎないということになる。しかしフォードの指導によってプラットフォームの共用化などの生産合理化はその間強力に推進された。

現行のV40は先代のS40／V50同様、ケルンのフォード開発センターが基本設計を行ったフォード・グローバルCプラットフォームの派生車である。同クラスでいえばフォード・フォーカス（2代

目／3代目）や先代マツダ・アテンザ（初代ＢＫ型／2代目ＢＬ型）と設計基盤を共用する。

２０１３年11月に登場した3代目アクセラ（ＢＭ／ＢＹ型）は自社開発の新規プラットフォームを導入したが、サスペンションの基本形式などは先代を改良しつつ踏襲しているため、下回りなどを覗き見るとＶ40とはいまでも兄弟のように似ている。

フォードとの離婚後、ボルボもまた従来のフォード系エンジンラインアップを新世代の自社設計・生産エンジンに換装する大掛かりな計画を進行中だ。各国各社のニューエンジン同様、ガソリンとディーゼルの生産基盤や部品を共用化するモジュラー・コンセプトで、ボルボの場合、出力チューニングによってガソリンが「Ｔ３」～「Ｔ６」、ディーゼルは「Ｄ２」～「Ｄ５」の各4仕様をラインアップする。

日本仕様Ｖ40に導入されるガソリン「Ｔ３」は、ＢＭＷとは違ってブロックを２ℓと共用しショートストローク化によって１・５ℓにダウンサイズしている。その他はすべて２ℓ４気筒で、ガソリン⇔ディーゼル間でクランクシャフトなど25％の部品を共用。完全な別部品は25％しかないという徹底した設計だ。

日本仕様のディーゼル車は「Ｄ４」搭載。１９０PS／４００㎚という怪力である。

トヨタＴＨＳを採用して話題を読んだアクセラは、同じくガソリン／ディーゼル共用設計コンセプトから生まれた２・２ℓターボディーゼル仕様ＳＨ-ＶＰＴＲ型を２ＢＯＸ５ドアの「スポーツ」の最高性能版としてラインアップする。圧縮比を14まで下げてＮＯｘを低下、排気２度開きＥＧＲ、ピエゾインジェクターによる多パターン噴射などを併用してＮＯｘ触媒を使わず各国規制をクリヤしたユニットで、こちらも175PS／420Nmという強力なスペックだ。価格はシリーズで唯一300万円を超える。パワーでなくトルク値（＝常用域の実力）で「高性能」を謳うというのは、日本車としては画期的だ。

両車のおおきな差は車重である。

アクセラはプラットフォーム新設計で軽量化を推進、2ℓNA搭載車で1310kgという最新Cセグ車の中ではゴルフ／A3に次ぐ軽量車体。ディーゼル版も車検証記載値で1450kg（前軸940／後軸510）とまずまず軽く仕上がっている。

V40もデビュー時の1・6ℓターボ（フォード・エコブースト）搭載車「T4」では車検証記載値で1440kg（860／580）とCセグ平均値だったが、なぜかこの8月～9月のマイナーチェンジでかなり重くなった。1・5ℓの「T3」で1480kg（910／570）、「D4」では1540kg（960／580）と、アクセラのディーゼルより110kgも重い。

そのせいもあってか8月26日の報道試乗会で乗ったD4は低スロットル開度からの踏込み加速時にスペックから期待するほどのパンチ力がなかった。逆に25万円安いガソリンのT3は250Nmのスペックから想像していたよりよく走り、ハナが軽くハンドリングも乗り心地も一段と軽快なこともあって「V40買うならT3」という印象を抱いた。

今回借用した車両は、D4ベースにボルボのパフォーマンス・チューニング部門であるポールスターが開発したROMチューンを行っていた。トルク値を440Nm／1750～2250rpmに強化。スロットル特性やアイシン製8速ATの変速制御も変更している。

その効果は驚くほどで、なにげなく踏込んだときのトルクのつき、シフトアップ／ダウンのレスポンス、加速のビルドアップのたくましさなど、ドライバビリティが全般に格段に向上していた。燃費やCO_2排出量はノーマルと変化なしということだからこれぞファインチューニングだ。

費用は18万８０００円。効果を考えれば安い。これからは「Ｄ４買ったら即行ポールスター」と付け加えることにする。

マイチェン版Ｖ40の大きな改良点は乗り心地だ。従来はリヤ席など長時間乗っていられないくらい硬かったが、マイチェンではとくにリヤがソフトになり、前後席ともに乗り心地は格段に向上した。

対するアクセラ。

こちらのディーゼル仕様も、トルク／重量比スペックの割には加速にパンチがないというのが２０１３年10月21日の報道試乗会で量産試作車に乗ったときの第１印象だった。サーキット走行ではフロントへビーな挙動がもろに現れてしまい、ハンドリングや乗り心地などのバランスは軽快な２ℓＮＡ搭載の20Ｓにおよばなかった。約64万円という値段差も考え「アクセラ買うなら２ℓＮＡ」と言ってきたが、今回ひさびさに改めて一般路で乗ってみたらＸＤの印象はかなり好転した。

試乗車（ＢＭ２ＦＳ―１０００１７）は１万９８２６㎞を走破したクルマ。ボルボに比べるとクルマが軽くボディ剛性感が高く、加速レスポンスや変速感の切れ味もＲＯＭチューン済みボルボといい勝負、Ｖ40の２０５／50―17（Ｐ７）に対して２１５／45―18（ダンロップＭＡＸＸ）と２ポイント高性能タイヤを装着しているにもかかわらず、着力点の局部剛性が高いせいもあって入力が入ったときのいなし感は一枚上手。硬さを感じるのは目地などで突き上げを食ったときくらいだ。ロードノイズも低く、タイヤとシャシのマッチングの良さはさすが日本のメーカー同士である。
内外装の商品力はやはりV40が圧倒的
パッケージングと走りの総合力ではアテンザXD。
甲乙つけ難い。

点数表

基準車＝点数表

基準車＝アクセラXDを各項目100点としたときのV40 D4の相対評価

＊評価は独善的私見である

＊採点は5点単位である

エクステリア

パッケージ（居住性／搭載性／運動性）	105
品質感（成形、建て付け、塗装、樹脂部品など）	105

インテリア前席

居住感①（ドラポジ、視界など）	90
居住感②（スペース、エアコンなど）	90
品質感（デザインと生産技術の総合所見）	130
シーティング（シートの座り心地など）	90
コントロール（使い勝手、操作性など）	90
乗り心地（振動、騒音など）	95

インテリア後席

居住感（着座姿勢、スペース、視界など）	95
乗り心地（振動、騒音、安定感など）	105
荷室（容積、使い勝手など）	95

運転走行性能

エンジンの印象（レスポンス、トルク、ドライバビリティ）	110
駆動系の印象（変速、フィーリングなど）	115
ハンドリング①（操安性、リニアリティ、接地感、奥行）	105
ハンドリング②（駐車性、取り回し、市街地など）	105

総評　採点にはかなり悩んだが、インテリアの品質感以外の出来映えは甲乙付け難い。V40はマイチェンで乗り心地がかなりよくなったため、この点でアクセラとの差が縮まった。またV40 D4のノーマルはやや低速域での力強さが物足りない。ノーマル同士の比較ならD4の「エンジンの印象」は90点にしただろう。ポールスターはD4に必須のオプションだ。

2015年11月11日（「ル・ボラン」連載「比較三原則」）

フォード フォーカス対ボルボV40 T3 SE

日本におけるCセグ戦争が再燃したのは2013年。年頭発売のボルボV40がいきなり大売れして導火線に点火、続いてAクラスとゴルフが登場して好景気感の雰囲気に乗って数字をぐんぐん伸ばした。

その後の各車の販売はどう推移したのか。

輸入車販売不動の1位のゴルフは、「7」の登場で2014年（JAIA調べ1～12月統計／以下同）についに年3万台の大台に乗せた。

一方2013年に1万2440台を売って輸入車の第4位に割り込んだAクラスは2014年＝9461台で7位へ、さらに2015年の1～9月では4757台で現状13位へと転落している。しかしベンツのCセグはCLA（本年9月までで5630台／8位）、GLA（同4356台／14位）がともに好調で、これらを足すと輸入車総合ではやはりミニ（全車種合計）に続く第4位である。

2013年前半に大いに売ったV40は同年に9246台で10位につけたが、翌2014年はA3と

1シリーズに抜かれて7324台／11位に落ちた。しかし2015年1～9月では再びAクラスを抜いて5132台／10位に返り咲いている。ゴルフ／A3、ベンツ軍団、BMW1／2とともに、このクラスで確固たる存在感を定着させた証明だろう。

2014年10月登場のBMWのFF兄弟アクティブツアラー／グランツアラーは、今年1～9月で5611台を売って現在輸入車9位だが、皮肉なことにマイチェンしてフロントマスクを刷新した1シリーズの販売が好調で1～9月で5901台を売り、2013年の11位、14年の10位から大きく復活してA3に続く7位につけている。Cセグ2BOXではV40とともにAクラスを蹴落とした格好だ。

2013年デビューのCセグ車の中でまったく目立たないのがフォード・フォーカスだ。販売実績は2013年 685台、14年483 台、2015年1月～7月157台。日本を走っているすべての現行フォーカスを合計してもゴルフの販売の16日分しかない計算である。

フォーカスはケルンのフォード開発センターが基本設計を行ったフォード・グローバルC／C1プラットフォーム車で、先代マツダ・アテンザ（初代BK型／2代目BL型）、ボルボS40（P11型／2003～2008）／V50（P12型／2004～2012）／、そして現行V40（P1型）などの各車と設計／生産基盤を共用するファミリー。フォート・ヴェルケGmbHサロイス工場のほか、アメリカ・ミシガン工場、ロシア・フセヴォロシュスク工場（サンクトペテルスブルグ）、タイ・ラヨン工場（AAI）、アルゼンチン・ジェネラパチェコ工場（ブエノスアイレス）、そしてベトナム・ハイズオン工場と台湾・桃薗工場（いずれもNKD生産）など、世界各国で生産・販売されている。

日本仕様はフォード：マツダの合弁のタイAAI工場製だ。

今回改めてV40と乗り比べて見たが、魅力も実力も伯仲していてなかなか興味深かった。

V40はデビュー時の主力「T４」のパワーユニットがフォードの大名作１・６ℓターボ「エコブースト」+アイシン6速ATで、そのめざましいパフォーマンスで大いに得をしていた。一方フォーカスはタイ工場の供給の都合で日本仕様は２ℓNAデュラテック２０２Nm+ゲトラーク製6速DCT。トルクベクタリングシステムを備え、絶妙のサスペンション・チューニングと相まってC/DセグF車のベストハンドリングカーだったといっても過言ではなかったが、怪力エコブーストに比べると低中速レスポンスにパンチがなく、せっかくのDCTなのにステアリングパドルがないなど、日本仕様の設定を完全にミスっていた。

マイナーチェンジでは2車ともにパワートレーンを一新した。

フォード・グループと離別したボルボは自社開発の新世代モジュラーエンジン系の１・５ℓターボ+アイシン6速を搭載。日本仕様のガソリン車は１５２PS/２５０Nmの「T３」バージョンだ。これがそのままグレード名になっている。

静かで軽快、トルク感もあるが、１・６ℓ版の旧T４（１８０PS/２４０Nm）の素晴らしいレスポンスに比べると低中速でいまひとつ元気がない。原因のひとつは車重だ。車検証を見るとデビュー時のT４SEより50kg重い１４９０kg（前軸９１０kg/後軸５８０kg）。しかもその増加分のすべてがフロントだ（T４=８６０/５８０）。

一方フォーカスの日本仕様も第2世代エコブーストの１・５ℓターボを今回は自社製6速ATと組み合わせて積んできた。１８０PS/２４０Nmと旧V40T４と同じスペックで車重が１４２０kg（車検証記載値：前軸880kg／後軸540kg）とV40より70kg軽いため、踏込んだときの加速感は一枚上手だ。ただしATは普通に発進すると4速以上になかなか上げず、キックダウンさせたときに低ギヤをホールドしたがるという変速を厭う制御で、とんとん上げてがんがん下げる積極シフトのV40T3のアイシン6速とはドライバビリティで大きな差がついている。変速ショックの低さもアイシンに分がある。ただし今回はパドルがついたのでスポーツドライビングの際には大きな欠点にはならない。

フォーカスも旧2ℓNA車に比べ40kgの車重増加分がすべてフロントに乗っている。新世代エンジン車は防音対策を積極的に行っていることもあってどちらもフロントが重い。

デビュー当時の両車の共通の欠点は乗り心地だった。どちらもサスが硬く、とくにリヤの乗り心地はどちらの車種も相当に悪かった。マイチェンで両車サスを改良して乗り心地対策をやってきた。

V40は従来通り操舵力が重くずっしり安定感のある走り。乗り心地には重量感があって1クラス上の走りの貫禄がある。ただし操舵切り返しではフロントのイナーシャをかなり感じるし、いつものようにフロントのロール剛性がやや高くて外輪が突っ張る感があり、操作と挙動のリニアリティがやや低い。車内は静かだがロードノイズだけは若干目立った（ピレリP7）。

フォーカスはハナが軽くステアリングが軽く、挙動が軽快。ロードノイズはよく遮断しており（プライマシーLC）車内は静か、後席の乗り心地もV40よりさらにいい。ただ乗り心地対策でリヤのロール剛性を下げたため、前後並行ロール気味の挙動だ。ヨー慣性も旧型よりやはり大きくなった感じがする。夢のようなハンドリングだった旧型にくらべると、後席乗り心地と引き換えに操安感はちょっと平凡化してしまった。台数を売りたいなら当然これで正解だが、フォーカスのセールスポイントのひとつがなくなった。大変残念だ。

内外装＋走りの高級感ではＶ40の商品力は圧倒的だが、スポーティなハンドリングと加速と乗り心地のバランスの高さではフォーカス。

甲乙付け難い勝負である。

しかしこのクラスには思わぬ伏兵が登場している。1・5ℓ3気筒ターボをフロントミドに縦置きしてきたＢＭＷ１１８ｉだ。車重もフロント重量配分4気筒と同じ（１４３０／７３０kg）、ＦＦ各車に比べ圧倒的にヨー慣性が低く、横置ではディーゼルのような音・振動が気になった3気筒も、縦に積むと非常に静かで、しかも組み合わせる変速機があの夢のＺＦ8速ＡＴ。すべてを横からかっさらっていった感がある。Ｃセグメント、買うならリヤがＴＢＡのゴルフ１・２か、最後の縦置きＦＲのＢＭＷ１１８ｉである。

点数表

基準車＝点数表

基準車＝V40 T3を各項目100点としたときのフォーカスの相対評価

＊評価は独善的私見である

＊採点は5点単位である

エクステリア	
パッケージ（居住性／搭載性／運動性）	120
品質感（成形、建て付け、塗装、樹脂部品など）	95

インテリア前席	
居住感①（ドラポジ、視界など）	110
居住感②（スペース、エアコンなど）	105
品質感（デザインと生産技術の総合所見）	85
シーティング（シートの座り心地など）	105
コントロール（使い勝手、操作性など）	95
乗り心地（振動、騒音など）	100

インテリア後席	
居住感（着座姿勢、スペース、視界など）	110
乗り心地（振動、騒音、安定感など）	110
荷室（容積、使い勝手など）	95

運転走行性能	
エンジンの印象（レスポンス、トルク、ドライバビリティ）	115

駆動系の印象（変速、フィーリングなど）	85
ハンドリング①（操安性、リニアリティ、接地感、奥行）	115
ハンドリング②（駐車性、取り回し、市街地など）	90

総評　本稿では居住スペース荷室などを確保するパッケージと空力性能との最適両立化やインテリアの完成度を、走行性能や乗り心地、ドライバビリティと同様に評価対象に含めて重視している。フォーカスはおもに前者の領域の完成度が高く、この平均点になった。国内市場ではブランド力がなく苦戦しているフォーカスだが、実力は高い。

2015年11月21日（「ＡＣａｒｓ」連載「晴れた日にはアメリカで行こう」）

2015 TOKYO MOTOR SHOW探索

２０１５年10月28日（水）、第44回東京モーターショーのプレスデイ。今年も東京・台場の東京ビッグサイトの特設駐車場と周辺の道路は、「入場時1台づつ駐車票チェック」というアホバカシステムのために朝から大渋滞だ。

古屋編集長　（マガジンボックス社の社有車の1ＢＯＸ運転席で）あ〜もう、いらつくなあ。なんで入場時にいちいちパスチェックとかやってんですかねえ。バカじゃないかと。

森口カメラマン　テロ対策とか。

古屋編集長　だってですよ「プレスデイの駐車券見せてくださいますかあ、はいどうぞ〜〜」って、それが一体なんのテロ対策になるの？　だったらカメ小や海外メーカーの人間にプレスパスじゃんすか発行しないで欲しいですよ。なんたってこども連れできてる奴いますからね。お前らプレスか(笑)。

森口カメラマン　まあでも今回でビッグサイトは最後ですから。

福野　（いきなり目を開いて）ホント？　それどこ情報どこ情報。

森口カメラマン　いやどこで聞いたんだっけなあ。確かそんな話でしたよ。ここってオリンピックの

競技会場じゃないですか（レスリング／フェンシング／テコンドーの会場の予定）。その準備のためだとかって。

古屋編集長　だって再来年てまだ２０１７年でしょ。３年も前から準備なんかするかなあ。

福野　いやそれがいい。次回は他の会場でやりましょう。わーい、よかった。これで二度とこんなとこ来ないですむ。

森口カメラマン　やるなら幕張メッセがいいなあ。ワンフロアだし取材しやすいし、メッセのころがなつかしいですねえ。

福野　だけどメッセじゃ場所あまっちゃってどうしようもないでしょ。東京体育館あたりがぴったりじゃね（笑）。

古屋編集長　（携帯を切って）荒井さんも後ろで渋滞にハマってるそうです。

30分ならんでようやく駐車場の入り口へ。

駐車場の係員　プレスデイの駐車券見せてくださいますかあ、はいどうぞ〜〜。

森口カメラマン　でたテロ対策。

古屋編集長　（溜息）

駐車場にクルマを止め、今度はゲート前の行列に並ぶ。この時間に並んでいるのはさすがに内外とも本物の報道関係者がほとんどだ。９時開場と同時に入場するが福野だけここでプレス申請。

荒井　おはようございます。あれ福野さんプレスパスないんですか。

福野　来なかったんだよ案内。うちには。

荒井　マジですか。前回登録した我々全員きてるのに。

係員　あちらのパソコンで必要情報を打ち込んで、プリントアウトしたものをあちらへお持ちください。

福野　（PCの前で）うわ～だめや。古屋さんやって。

荒井　ウインドウズ使えないんでしょ。

福野　右クリックとか言われると一所懸命捜すから。

ようやく福野のプレスパスが発行されたときは開場から30分経過していた。

福野　やれやれ。じゃメシ食って帰ろか（笑）。

プレスの入り口は毎回東展示棟の東ゲート。中央の廊下を境に開場は左右に分かれている。右側の東6ホールから。

三菱自動車の目玉はシューティングブレーク風のボディの小型SUVのコンセプトカー「ｅｘコンセプト」。三菱自は今年のシカゴとジュネーブにコンセプトカーを出品したが、こちらはアウトランダーPHEVより一回り小型の純EVだ。

荒井　シルエットはまんまイヴォーク、フロントはランボやフィットやMIRAIみたい。日本人も中国のこと言えません。

福野　三菱自動車のクルマは好きですよ。

森口カメラマン　マジですか。

古屋編集長　ランエボ？

福野　アウトランダーPHEVとデリカD4。重めのがっしりした操舵感、しっかりした足、ドライバビリティ、どれもいい出来。日本車のなかでは飛び抜けて走りのセンスがいいと思う。
森口カメラマン　ホンダとかマツダじゃなくてですか。
福野　私の好みは三菱ですね。
　アルピナはD4、D5、XD3など3ℓディーゼルターボが押し。B3は3シリーズ同様マイチェンした。
福野　アルピナのディーゼル乗ってみたいなあ。T先生（荒井さんのお客さんのアルピナ・ファン）に頼んだらまた広報車乗せてくれるかなあ。
古屋編集長　試乗記事は喜んでいただけたようなので、ひょっとしたら貸してもらえるかもしれませんが、なんせこれアメ車の雑誌なんで（笑）。
福野　あーそうか。そうだったね。よーし、じゃ今日はアメ車を集中的に見ていこう（↑出展してない）。
　ジャガーとランドローバーを見てからBMWとミニのブースへ。新型のクラブマンが展示されていた。元クラブマン・オーナーの荒井さんは異様な関心を示して各部をなめるように見ている。
福野　ホイルベース2670ミリだってさ。長くするだけじゃなくてリヤのボディの幅をぶでーっと広げたんだね。リヤにいくにつれて断面形を絞っていくってのがクラブマンの小粋なチャームポイントだったのに。このスタイリングはダメや。
荒井　3代目のミニってデザイナーは誰ですか。

福野　アンダース・ウォーミングでしょ。クリス・バングルの下で現行ＢＭＷ各車デザインした人。Ｚ４、Ｘ３、５／６シリーズ。まあ先生がダメだと弟子もダメってことでしょ。それにしたってなんだかんだでＣセグになっちまったんだから「ミニ」という車名ももはや皮肉にしか聞こえない。（テールドアを開けてから強く閉じるとバララッタッンと激しくびびる）こらまた一段とひでえな。この開口部の大きさでピラーレス観音開きなら当然こうなる。普通の上開きテールゲートにすりゃいいのに。

森口カメラマン　それじゃカントリーマンじゃないじゃないですか。

福野　そもそもこの薄らデカいクルマのどこがカントリーマンよ。

荒井　７シリーズは２階にあるそうです。

ＢＭＷブースの２階に上がると新型７シリーズのロングが展示されていた。

荒井　カッコいいですよね７シリーズ。見た感じはまんま「大きな３シリーズ」ですが。

福野　（ドアを開ける）あら～インパネまで３にしちまったか（基本造型が３／４シリーズそっくり）。メリノレザーのパーフォレーション付きだね。流行の矩形ステッチ。日本や中国だけじゃなくてデザイナーはもう世界中マネっ子マネ男ばっかだな。（ボンネットを開ける）Ｂ型の６発いよいよ積んできました～（＝1・2ℓ3気筒から3ℓ6気筒までの設計や部品を共用するＢＭＷの新世代モジュラーターボエンジンで、ミニ／２１８ｉ／ｉ８の３気筒1・5ℓと同じファミリー。てかあれの２基連結版）。

荒井　（インテリアのあちこちを細かく観察する）インテリアはなかなかいいです。

福野　（後席で）奇をてらったようなメーターとかアホな折り畳みテーブルとかくだらない仕掛けが一切ないぶんSクラスよかはるかにマトモだな。王道の現代ＢＭＷ高級車でしょうこれは。７シリーズが健全でかっこいいなんてのはホントにひさしぶり。

荒井　４代目（Ｅ65系）５代目（Ｆ01系）はかっこダメダメでしたからねえ。

おとなりはレクサス・ブース。新型ＲＸが登場した。北米市場のプレミアムクラスではベンツと激しい２位争いをしているレクサスだが（首位はＢＭＷ）、その販売のドル箱が実はＲＸだという。新型はなんとも形容し難いエグいスタイリング。しかしアメリカではＬＸもＲＣも売れているらしいから世の中分からない。

トヨタ・ブースには黄緑色のコンセプトカーが。

荒井　これが「ヨタハチの再来」とウワサのＳ―ＦＲですね。

古屋編集長　……。

福野　ヨタハチってカッコよかったよねえ。

荒井　いま見ても魅力ありますよね。飛行機の設計者が開発したんでしたっけ。

福野　チーフエンジニアは長谷川龍雄さん。立川飛行機ね。まあ関自（現・トヨタ自動車東日本）が開発にからんでたんで「誰が作った」「誰がデザインした」については２０００ＧＴ同様いろいろあるようだけど、クルマってのはもともと「誰が作った」もなにもない。いずれにしたってメーカーとサプライヤーの共同作業、責任者は誰かといえばそれがチーフエンジニアですよ。

新型プリウスがいよいよ登場だ。

荒井　なんかオーラがなくなった気がします。
福野　うん。鋭い一言だ。
荒井　なんだかんだいって現行モデルは外装もインテリアのデザインとか配色も、未来的でかっこいいですからね。新型はこれぜんぜん普通です。センターコンソールなんか洗面器みたいだし（↓グロスホワイトのおわん型樹脂）。少なくともいまプリウスに乗ってる人が全員これに代替するとはとても思えない。
福野　半分のオーナーが買い替えたとしたってスーパーヒットですよ。
あっという間に東6、5、4の乗用車展示を見終わって中央廊下に出て反対側の東1、2、3ホールに。
入ってすぐは商業車のコーナー。UDトラックス、ボルボ、いすゞ、日野、三菱ふそうの各ブースに巨大なトラックが展示されている。
福野　今年こそ公一くんとこ寄ってかなな。
いすゞ自動車・広報グループ伊藤公一グループリーダー　お待ちしてました！
福野　どうもです。こんにちは。
いすゞブースでひときわ目を引くのは、フルレストアされた昔のトラックTX80型5トン。戦後すぐの昭和21年からはやくも生産を開始、物流を担って戦後復興に貢献した名車である。
福野　例によってマジでフルレストアしてありますねえ。（下回りをのぞく）う、うわ〜真剣だ真剣。
伊藤さん　今日はもう特別にエンジンルーム見せちゃう（ボンネットを開ける）。

福野　エンジンルームも完璧ですね。ハーネス全部引き直してるし、燃料パイプにちゃんとメッシュホース使ってるし。

荒井　亜鉛クロメートの色が泣かせますね。

福野　この黄色の虹色がいいんだよなあ。

伊藤さん　運転席も乗っちゃって下さい。許可しちゃう。

インテリアはドアの内張も天井も木板張り。これも見事にレストアしてある。

むかしのトラックを囲んで一同おおはしゃぎ。

伊藤さん　あの～すみません、うちの今回のメイン実はこっちなんですが（笑）。

いすゞの大型トラック「ギガ」は何と1994年のデビュー以来初のフルチェンジ。新型は中型のエルフ、フォワードと設計／生産基盤を共用化した。エンジンは従来の9・8ℓ直6ディーゼルターボ6UZ1を搭載するが、VGターボ搭載で低中速トルクを改善。実は新型の6ℓダウンサイジングエンジンもとなりにこっそり置いてあったりして、分かるもんなら気づいてみろみたいな。

公一くん　あのもしかして今日もサインとかしてもらえますか（しっかり単行本を二冊持参してきている）。

荒井　（笑）めちゃくちゃおかしいですね公一くん。福野さんのサイン会に連ちゃんでいらしてますから。

おとなりベンツのブースにはマイバッハが。

荒井　完全にただの豪華なSクラスになっちゃいました。

福野　いやだって最初からマイバッハってそうじゃん。

荒井　初代は一応Ｓクラスとは完全に別のクルマでしたから。

福野　どっちにしろ同じようなもんでしょ。ＢＭＷのロールスロイス／ミニの大成功と比べるとマイバッハ／スマートは明暗はっきり出ましたねえ。ＲＲとマイバッハ、ミニとスマートじゃ、はなからブランド力に差がありすぎだったけど。

荒井　憎まれ口叩いてるとまた連載つぶされますよ～（実話）。

ベンツはＭＬ（Ｗ１６６）をマイチェンし車名を「ＧＬＥ」に変更。ＳＵＶはＣセグが「ＧＬＡ」でＤセグのＧＬＫが「ＧＬＣ」に、ＥセグＭＬが「ＧＬＥ」に、ＦセグＧＬが「ＧＬＳ」と改名して、末尾が「Ｃ」「Ｅ」「Ｓ」クラスにそれぞれに対応するようになった。３代目Ｖクラス（Ｗ４４７）もこのショーで日本初登場。２・２ℓ４気筒ターボディーゼルのＶ２２０ｄだ。

荒井　（インテリアで）シートとか雰囲気とかは豪華ですが内装材とかの一部には商用車然とした部分もあります。

福野　ここなんか思い切り雄引き真空成形だもんなあ。でも「トレンド」の５３５万ってのは高くないのでは。

荒井　それだけ出せばアルファードやエルグランドなら最上級は買えないけどそれに近い４駆の３・５ℓＶ６の高級グレードが買えちゃいますから。

福野　まあこのクラスのユーザーには大排気量ＮＡ＋４ＷＤという古典的なスペックのほうが説得力はあるでしょうね（Ｖ２２０ｄ＝ＦＦ）。

ホンダブースはＮＳＸの生産型に近いモデルが雛壇の上に飾られていた。

係員　撮影は予約性になってます。一番早いので１時20分からの15分枠です。

福野　じゃあそれでお願いします。

荒井　お〜素早い。

福野　だけどエンジンもベアシャシもメカもなにも飾ってないのか。カッコとスペックだけで予約取ろっての。ひでえなあ。作ったひとたちが気の毒。見せたい人がいて見たい人がいるのにさ。カッコなんか２年前に見たっての。もう見飽きた。

古屋編集長　なんだかますます古くさくなってきましたね（笑）。

福野　おおおっ、ＨＦ１２０あるやん！（＝ホンダジェット用のターボファンエンジン）すっげえ〜。（近くにいって）うわ〜この加工なにこれ。この色〜、かっくい〜。

荒井　（笑）いったいこれはどういう反応でしょうか。

福野　さすが本物はオーラが違う。これ見れただけでもきたかいあったなあ。いやいやきてよかった。

荒井　そこまでいいますか。

東展示棟はさくさく終了。ここからてくてく歩いて西展示館へ移動する。電車でやってきて西棟から見学者した人たちがあっちからも大移動してきていてアホらしい民族大移動が繰り広げられる。

てくてく、てくてく、てくてく、てくてく。

福野　あ〜アホさ半端ない。今年は外国人の方もかなり多いけど、これぞまさしく日本の恥やね。

荒井　展示を見て足が疲れるのは仕方ないけど展示場への移動で疲れるくらいアホらしいもんはない

ですね。

福野　まあこれで最後かと思うと心より嬉しい。あー嬉しい。

西展示館の中央ホールのばかでかい吹き抜け大広間になぜかＦＣＡジャパンの展示。

福野　あれ「日本人なんかにゃ見せない売らない」ってのがアメ車とイタ車の基本方針じゃなかったの？

荒井　いや「売らない」とは言ってませんよ。

福野　言ってんのと同じことでしょ。モーターショーにもつきあわないメーカーのクルマなんか買わんでいいよ。

フィアット500Ｘは前号のこの連載で試乗したジープ・レネゲードの兄弟車で、アルファのミトなどと同じオペル－フィアット系プラットフォームの発展車。

福野　うん、これはスタイリングうまい。500のキュートな感じをうまくクロスオーバー化している。3代目ミニやミニ・クロスオーバーに比べると遥かに魅力ある。（ドアを開けようとして）あれ、鍵かかってる。

古屋編集長　展示だけってことじゃないですかね。出品じゃなくて。

福野　そんなもんモーターショー見にくる意味ないやん。アホか。

古屋編集長　まあまあ。これからもＦＣＡジャパンさんにはクルマ貸してもらうんですから。

福野　オレらはいいんだよ。お金払って見にきてくれるお客さんが気の毒だって言ってんの。

古屋編集長　ま確かに。ま確かに。

西展示棟を歩く。
マツダ・ブースの目玉はロータリーエンジン復活の旗印とウワサされているコンセプトカー「RX—VISION」。
古屋編集長　おお〜。
森口カメラマン　カッコいいですねえ。フェラーリみたい。
荒井　小さいですよねえ。
古屋編集長　めちゃめちゃ低い。すっげえ低い。
福野　真面目なプロトなのかと思ったら、ただのデザインプロポーザルか。
荒井　……。
福野　それにしたってなんでこんなハナ長いのよ。ロータリーなんでしょこれ。こんなパッケージならロータリーわざわざ復活させる意味ないやん。
古屋編集長　福野さん大好きな2000GTだってロングノーズじゃないですか。
福野　FRでエンジン直6だからね。クルマも小さいからね。あの時代としては2000GTもS30もあれがせいいっぱいのエンジンだったし、あれがせいいっぱいのスポーツカー・パッケージだったと思いますよ。それよかコスモスポーツでしょ。ロータリーのコンパクトさを生かしてハナ切り詰めて思い切りキャビンフォワードさせて、優雅さはリヤオーバーハングを伸ばすことで頑張って演出してた、あれこそスポーツカー・パッケージですよ。あれこそロータリーでしか作れないスポーツカー。重心高がひくいだけのパッケージならロータリーなんか復活しなくていいって。水平対向6気筒でも積んでろ。貴島さんだったらこれ見て泣くよきっと。最近のマツダはもうデザイナーにいいようにクルマ作り牛耳られちゃってさ、アテンザもデミオもロードスターもフロント伸ばしてロングノーズにされちゃってさ、だいたいハナさえ長けりゃ優雅なラインでカッコいいなんて幼稚な自動車美学ですよ。「最近のマツダはいい」なんてちやほや言われてるけどぜんぜんよかない。パッケージひんまげてカタチ作るなんてクルマ作りの基本を踏み外してる。

森口カメラマン　福野さん今日めっちゃめちゃ機嫌悪いですね。

荒井　機嫌が悪いんじゃなくてクルマの出来が悪いんじゃないですか。

おとなりのルノーのブースには待望のトゥィンゴが。スマートの兄弟車だ。

森口カメラマン　うわ、これいい。スマートよりぜんぜんいい。

荒井　かわいいですねえ。

福野　これは一目見てパッケージいいな。企画とスタイリングはもろUP！だけど。

森口カメラマン　これRRですか。RRですよね。

福野　（リヤサスをのぞく）へんなリヤサスなんだよなあ。オメガビームなんだけど左右のトランスバースリンクでサイドフォース受けてて、どう考えてもまともに動かない（笑）。サスの専門家にきかんと分からん。（インテリアに座る）お〜インテリアいいやんか。これスマホのホルダーなの？やってくれるなあ。こういうのが欲しいんだよね。

荒井　実に商品力高いです。これは売れるでしょう。

森口カメラマン　売れそうですよね。

荒井　ルノーのブランドイメージに足引っ張られたとしても売れそう。

福野　ははは、すげえ分析。「これだったらルノーでもいいか」って？

荒井　チンクエチェント出たときのお客さんの反応なんかまさにそうだったですよ。「フィアットってのがひっかかるけどかわいいから買う」って（笑）。まあ問題は値段ですね。もしＵＰ！にもろにぶつける気なら１８０万切るくらいじゃないと戦闘力ない。

福野　ちょっと厳しいかなあ。２００万は確実に切ってくるとは思うけど。でも今回のモーターショーでは一番の収穫だな。

日産ブースは自動運転車のコンセプトカーやなんやらで大混雑。

福野　自動運転興味なーし。

荒井　まあでも今回は国産各社、自動運転自動運転ですよね。

福野　どうぞ好きにやってください。よろしく〜。

苦境に立たされているＶＷ／アウディグループは、けなげにもモーターショーにやってきて展示。ＶＷもアウディもポルシェもハイブリッド攻勢だ。

福野　ＭＱＢ（ＶＷの新世代プラットフォーム）のティグワンだね。スタイリングはこらまた死ぬほどシャープなプレスラインできれきれです。ダ・シルバ相変わらず冴えまくってるね。デザイナーの力量が高いとクルマがこれだけ利口そうに見えるという。ＶＷグループ頑張れ。応援してるぞ。ホントに悪い奴がひとりいるだろ。え。そいつをなんとしてでも表舞台に引きずり出せ。

荒井　でもランボもベントレーもきてないのは許せないです。

福野　ＧＭこない、フォードこない、ランボこない、フェラレーもマセラッテーもこない、ロールスこない、ベントレーこない、マクラーレンこない、ロータスこない、フィアットとアルファとクライスラーは廊下に飾って見せるだけ、こんなのもはやモーターショーじゃない。

荒井　テスラとミツオカもいないです。

古屋編集長　おまけに今年はコンパニオンもあんまりいない。外国人モデルもゼロ。

荒井　そういやそうですね。

福野　オートサロンのほうが１００倍おもしろいね。

昼食を取ってから東棟に戻ってサプライメーカーのブースを見学する。

トヨタ紡織では新型プリウス用（ＴＭＧＡ用）のシートを発見。レールをフロアに直止めするヨーロッパ車方式になった。座面後端のフレームも前に出して座骨の面圧を高くしたこと、サイドサポートの向上なども特徴だという。同社はＢＭＷｉ８とｉ３のシートも製造・納入している。

ＤＥＮＳＯには角断面のセグメントコイル分布巻の新型小型軽量モーターや、ＩＳ・ＲＣ同様ＩＧＢＴとＦＷＤを無酸素銅でサンドイッチして樹脂成型した両面放熱式パワーカードを採用して大幅な小型化を達成したＰＣＵなど新型プリウス用の部品が展示されていた。

ＪＴＥＫＴにはＭＩＲＡＩのシャシがそっくりそのまま展示されていて、水素タンクや燃料電池、モーターを内蔵したトランスファーなどの全容がもろ見え。

荒井　福野さん写真撮りまくってます。

福野　部品館は相変わらず面白い。モーターショーはもう部品館だけでいいよ。

ＪＴＥＫＴには新型の平行モーター・ラック駆動式電動ＰＳも展示してあった。ベンツＡ／Ｂクラスのダブルピニオン電動ＰＳも同社製品だ。

キャブレターのミクニでは画期的なアルミダイヤスト製のＥＧＲクーラー、クラッチのエクセディにはレアアースレスのインホイルモーター、日立オートモーティブシステムズにはＳｉＣパワー素子の試作品など興味深いパーツがさりげなく展示してある。

株式会社小糸製作所・廣瀬仁士部長　こんにちは。

福野　どうもこんにちは。７シリーズ、レーザー光源積んできましたね（＝ヘッドライト）。オスラムでしょうか。

廣瀬さん　だと思います。

福野　先を越されちゃって残念ですけど、技術的にはどこが実用化の壁ですか。

廣瀬さん　一言で言えば耐久性ですね。

福野　なるほどバルブの寿命ですか。そのあたりはヨーロッパのメーカーはあんまり気にしないでしょうからね。

ようやく時間になったので、ホンダブースに戻ってＮＳＸが置かれた雛壇に上がって拝見。

係員　あ、エンジンリッドは開けないでください。

福野　内装だけ？　待った意味ないじゃん。信じらんない（内装に一応座ってみる）

荒井　（インテリアを見ながら）なんか普通にガンダムですね。ＬＦＡに似てます。新鮮味はとくにないです。

福野　なんでもいいけど少なくともこれは公道を走るスポーツカーのハンドルじゃない（上下がつぶれた四角形）。どうしてテストドライバーがこれを黙ってるのか。気骨ある本物のテストドライバーだったら「とりあえずステアリング丸くしてこい、すったら乗ってやる」って言うけどな。

荒井　フレームはカーボンですか。

福野　基本アルミ構造ですよ。安いクルマですから（＝１８００万円）。引き抜きとプレスの組み合わせ。ＣＦＲＰはフロアだけだから側突でしょうね。

荒井　車重どれくらいでしょう。

福野　そこですね。アルミ構造／アルミ＋鋼外板、３・５ℓＶ６ターボ＋９速ＤＣＴに３モーター。重い要素満載ですから、まあＧＴ―Ｒより大幅に軽いってことはないでしょう（ＧＴ―Ｒ＝１７５０kg）。

荒井　アメリカでつくるんですよね。

福野　という話ですね。もう一回ホンダジェットのファンエンジン見て帰ろうかな～♪

古屋編集長　しかしいままで見たモーターショーの中で一番つまんなかったなあ。

森口カメラマン　ですね。

古屋編集長　福野さんもモーターショー長いですよね。

福野　長いですよお。初めて親に連れてってもらったのが１９６１年の第8回かな。晴海ですね。シルビアとコスモスポーツが出た64年、２０００ＧＴのプロトが出た65年と市販モデルを公開した67年、１１７クーペが出た68年、Ｓ30が出た69年、ケンメリ発表の72年、子供のときは10年で7回行ったかな。75年以降はもう毎年欠かさず見てきました。仕事でプレスデイにくるようになったのは79年の第23回以降です。

荒井　ということは44回のうち30回は来てるってことですか。

福野　今年は間違いなく一番つまんなかったね。リーマンショック翌年の２００９年のときもさみしかったけど、あのときはＬＦＡが出てシャシもエンジンも構成部品もサプライメーカーに展示してあってそれを見て回るだけで面白かったですからね。今年は本当の最低です。もう次回は来るのやめよう。

荒井　やめますか。

福野　だって次はもう各社自動運転ばっかでしょ。そんなもの見るなら自分で運転してどっかにドライブ行った方がいいですよ。

2015年12月8日（「ル・ボラン」連載「比較三原則」）

フィアット500X対MINIクロスオーバー

戦後～60年代のアメリカ車。70～80年代の日本車。90年代以降のヨーロッパ車。商品戦争における過当競争にクルマが陥ったとき、企画・開発のプロセスにおいて発言力を増したのはいつもデザイナーだった。同工異曲の商品力と信頼性を持った同じような値段のクルマがずらり並べば消費者が選ぶのはカッコいいクルマだからである。

小型車なら小型車、スポーツカーならスポーツカー、そのクルマのジャンルに要求されるパッケージを100%生かしつつ、どれをもカッコよく彩ることが出来る表皮を作れる人材を有能なデザイナーという。かつてのジウジアーロやカロツェリアのお抱えデザイナーはそういう人間だった。

無能なデザイナーとはいいカッコを実現するためにパッケージを犠牲にし、どんなクルマでも低く長く幅広くすることしか能がないことをいう。現在の世界のほとんどのデザイナーはおそらく「カッコさえよきゃパッケージなんかなんだっていい」と思っているはずだ。結果がそれを証明している。

デザイナーの権限が異常に増した結果、狭いくせに薄らデカい無能パッケージの乗用車が世界中にあふれかえるようになった。それでも過当競争は止まないからデザイナーはますます強くなる。いまやカーデザイナーは自動車作りの暴君といってもいい。

ＳＵＶ風的雰囲気を持ったＢセグメント車、これが「Ｂセグ・クロスオーバー」の定義だ。日産ジュークのヨーロッパでのブレイクをきっかけにミニ・カントリーマン（＝「クロスオーバー」）、オペル・モッカ、ルノー・キャプチャー、プジョー２００８など大手メーカーがこのジャンルに続々と参入、瞬く間にＥＵ圏で販売される全乗用車のざっと16％を占めるまでに至った。

人気の秘密はもちろん乗用車としての使い勝手の良さだ。

全高が高く、室内が広く、乗降性に優れ、専有床面積を居住スペースと荷室容積に有効に反映したＢセグ・クロスオーバー車は、本来コンパクトカーが目指すべきパッケージを備えたクルマである。ＳＵＶ的なスタイリングやそれを示唆するクロスオーバーという名称はいわば全高の高い「ぶかっこうな」パッケージを成立・正統化するためのデザイン的な「方便」であるといっていい。いかにぼんくらなデザイナーでもＳＵＶ的な味付けができるなら、機能的なパッケージの小型乗用車をなんとかサマになるよう仕立てることができるのである。

ヨーロッパのユーザーはこのあたりのからくりを見抜いている。人気は２ＷＤモデルに集中、誰もこんなものを本当のクロスカントリーカーなどは思っていない。ようするにここで「クロスオーバー」しているのは「乗用車とＳＵＶ」ではなく「カッコとパッケージ」なのだ。それが人気の秘密である。

フィアットはジープ・ブランドとコラボ企画を組み、大昔のプラットフォームを引っ張り出してきてウルトラヒット作５００のスタイリングモチーフを与えた。１９６０年代の名車のリクリエイションでクロスオーバーを作るという手法はミニ・クロスオーバーと同じである。５００ＸのＳＣＣＳプラットフォームは元はといえばオペルとフィアットの共同開発、当初グランデプントで登場（２００５年）した設計・生産基盤である。日本でのお馴染みはアルファ・ミトだ。

５００Ｘのボディサイズはこのクラスでは最大、ほぼＣセグのゴルフに等しい。

デザイナーは５００／５００Ｌ、パンダ、ムルティプラなどを手がけてきたロベルト・ジオリット。ジェレミー・グローバー／イアン・ヘッジによる兄弟車のレネゲードはキャビン容積を徹底的に追及した背の高いオフローダー的パッケージだが、５００Ｘは65㎜も全高を低くし前後ガラスともに傾斜角を強めてキャビンを小型化、５００っぽいカッコに仕立てた。とはいえ全高は１６２５㎜もあり、高い地上高を差し引いてもＢセグの平均的居住スペース／トランク容量を上回る室内容積を確保している。

広報車の都合で試乗車は９速ＡＴの４ＷＤ仕様になってしまった。イーグルＦ１の２２５／45―18などというタイヤを履いていたこともあって乗り心地が硬くロードノイズも大きかった。とくに後席は揺すられ感が強く快適とは言い難かった。レネゲードでも４ＷＤ車は同じ傾向だったのだがＦＦの乗り心地は非常に良好だったので、５００Ｘも売れ線の２１５／55―17のＦＦ版「ポップスター」（＝３０７・８万円）の出来には大いに期待できる。機会があったらぜひＦＦに乗ってみたい。

ミニ・カントリーマン（R60）は2010年本国発表、11年1月から「クロスオーバー」の車名で日本で発売された。本家ミニ（UKL1プラットフォーム）がイギリスで開発されオックスフォードのカウリー工場とオランダ・ボルンのVDLネドカーで生産されているのに対し、R60系はオーストリアのマグナシュタイアで開発・生産、そのほかインド、タイ、マレーシアでも作られているミニブランドのワールドカーである。

今回は試乗車の都合でディーゼル版だったが、500Xをさらに下回る乗り心地の荒さやロードノイズの大きさに驚いた。お台場周辺の良好な舗装路を流れに追従して走っているだけなのに後席では上下左右に振り回されてメモが取れないくらいだ。

CDセグのヨーロッパ車はいっせいに乗り心地と静粛性を大きく改良してきている。クロスオーバーも昨年7月の生産車からマイチェンを受けたはずだが、アシも防音もほぼそのまま。快適性向上というヨーロッパ車のトレンドに完全に乗り遅れてしまった。

内外装の品質感が本家ミニに比べてかなり落ちる点もマイチェンではまったく改善されていない。どうやらこのモデルについてはまったくやる気がないようだ。どうでもいいのだろう。

シュタイアの手によってこのクラスとしてはかなり本格的な4WDカーとして設計・開発されたクルマだが、それがコスト、生産性、快適性などでアシを引っ張っていることは確かだろう。ユーザーが求めているのはあくまでSUV的スタイルの乗用車であって本格4WDカーではない。次世代がもし存続したとしてもアクティブツアラーやX1と同じUKL2プラットフォームになるのではないか。

点数表

基準車＝点数表

基準車＝ミニ・クロスオーバーを各項目100点としたときのフィアット500X（4WD）の相対評価

＊評価は独善的私見である

＊採点は5点単位である

エクステリア	
パッケージ（居住性／搭載性／運動性）	75
品質感（成形、建て付け、塗装、樹脂部品など）	115

インテリア前席	
居住感（ドラポジ、シート、視界など）	110
品質感（デザインと生産技術の総合所見）	125
シーティング（シートの座り心地など）	110
コントロール（使い勝手、操作性など）	110
乗り心地（振動、騒音など）	110

インテリア後席	
居住感（着座姿勢、スペース、視界など）	95
乗り心地（振動、騒音、安定感など）	110
荷室（容積、使い勝手など）	100

運転走行性能	
駆動系の印象（変速、フィーリングなど）	130
運転感（駐車性、取り回し、市街地など）	100

総評　今回は借用できた広報車の都合でガソリンとディーゼル、4WDとFFと、条件が大きく違ってしまったので、パワートレーンの評価はしていない。本来なら乗り心地の公平な比較評価も出来ないが、おそらく500XがFFだったら両車の評価はもっと開いていただろう。

2015年12月15日（「ＡＣａｒｓ」連載「晴れた日にはアメリカで行こう」）

フォード エクスプローラー

2015年11月27日（金）午前7時。関東地方は例年に比べて曇りや雨の日が多く日照時間も少ないという寒い11月だったが今日は朝から雲ひとつない快晴で気温も上昇、絶好のドライブ日和になった。2台のフォード・エクスプローラーが並ぶと大迫力の艦隊だ。

古屋編集長　おはようございまーす。いいお天気です。

福野礼一郎　どうしてこのページの取材はいつもこう、お天気に恵まれているんスかね。ほかの取材は今月雨ばっかですよ。「モーターファン・イラストレーテッド」の試乗なんか3年連載やって荒天率4割近くじゃないかな。

古屋編集長　そういや「モーターファン・イラストレーテッド」の試乗記でエクスプローラーのことボロクソに書いたでしょ。

福野　ボロクソになんか書いてないですよ。アシが硬くてエンジンの低中速トルクにパンチがないって書いただけ。

森口カメラマン　（笑）それって普通ボロクソって言いますよね。

古屋編集長　今日はだから先日乗ってない4駆の3・5ℓ・V6の「ＬＩＭＩＴＥＤ（575万円）」

に乗って絶賛してくれって広報の人が言ってました。

福野　絶賛してくれって？

古屋編集長　口では言ってませんが、顔にそう書いてあった（笑）。

荒井　でも排気量の小さい軽くて安いモデルと排気量の大きい重くて高いモデルと乗り比べて、福野さんが重い方ホメたことなんてないですからね。

福野　少なくても先入観で決めつけているわけではない。これはあのとき試乗会で乗ったクルマと同じかな。（車検証を出してきてメモと見比べる）はい。同じ個体（ＦＭ５Ｋ７ＤＨ０ＧＧＡ２１５２０）ですね。

ＦＦで２・３ℓの「ＸＬＴエコブースト」にまず乗り込んで出発。

全長５０５０㎜、全幅２０００㎜、全高１８２０㎜、ホイルベース２８６０㎜。ほぼレンジローバーと同じサイズだ。

荒井　エクスプローラーはこの「Ｕ５０２」型で４代目、２０１０年７月のデビューで、１〜３代目がトラック母体のラダーフレーム縦置きＦＲだったのに対してモノコックの横置きＦＦベースになりました。母体はトーラス、セーブル、リンカーンＭＫＴなどと同じフォードＤ４プラットフォームです。日本では２０１１年５月から発売してました。２０１６年モデルでマイチェンして、マスタングで日本デビューした２・３ℓ直４ターボ版になりました。２６０PS／４２０㎚。ＮＡ車なら４ℓ車並のトルクですよ。現にあっちの４ＷＤのＮＡ３・５ℓは２９４PS／３４５㎚です。トルクは直４ターボが上。

福野　ステアリングがどうも遅くて重ったるいんだなあ。
荒井　PSですか。
福野　PSの立ち上がりの反応、ギヤリング、タイヤの特性などバランスの総合印象ですけどね。
荒井　室内は広くてとても静かです。イヴォークっぽいフロントマスクも気に入ったんですが、内装の作りがいいいんで荒井的には結構びっくりです。インパネとかかちーっとできてますよねえ。シートもいいし。ただ静かでなめらかなのに、いきなりがつんと路面からのショック入ってきたりはします。
福野　ロール剛性は低いのに縦ばねは硬いんですよね。タイヤも一因だろうけど。

飯田橋ICから首都高速5号池袋線に乗る。

福野　（加速して）アクセルペダルを6〜7割踏込んで2000回転以上回ってると2トン車とは思えない加速ですが、2ℓエコブーストみたいな化け物じみたレスポンスじゃない。
荒井　（車検証を見て）車重2040kg。前後軸重1140kg／900kg。これを2トン車とはいいませんけどね普通（笑）。トルク／重量比4・4ということですから、まあ350Nmで1700kgのクルマと同じですね。
福野　2ℓのエコブーストはそこが凄かったんだな。ディスカバリー・スポーツはいまだ2ℓエコブースト積んでますが、240PS／340Nm（＝トルク／重量比5・7）でも低中速では死ぬほどレスポンスいい。あんまし加速いいんでアクセルペダル思わず戻すくらい。変速機の差もあるんだが（ディスカバリー・スポーツ＝ZFの新型9速AT、エクスプローラー＝フォード製6速AT）それだけじゃこんなに違いは出ない。エンジン特性ですよ。まあターボというのは出力特性が自由自在なんで、燃費とか排ガスとかやってるとこういうことも起こるわけです。

荒井　トルクの絶対値で決まるんじゃなくてレスポンスですか。

福野　一定トルクに達するまでの時間ですね。とはいえここまでの平均燃費6・8㎞／ℓですから、そんなに燃費がよくなってるわけでもない（ディスカバリー・スポーツJC08＝10・3㎞／ℓ、本車JC08＝8・6㎞／ℓ）。てことは排ガスかな。あと同じフォードのSUV同士で言うとリンカーン・ナビゲーター（FR縦置き母体）とのドライブ感の最大の違いはロール剛性とステアリングですね。真鶴の幅員の細いワインディングではかなり持て余しましたが、こうやって高速クルーズしてても中立からの切り始めが妙に重い割に（ちょっと切る）。

荒井　おっとお。

福野　ね。タイヤのCPが高くてロール速度が早くてリヤのロールが大きい。だから運転がちょっとしにくいんですね。まあこうやって走ってるとそんなには気にならないけど。あっちの連載（＝MFi）では二人してもうかりかりしながらインプレのためにインプレしてるわけで、自ずと評価も厳しくなる。こうやってのんびりドライブしてると気にならないことでも、あっちだといちいち引っかかる。別に嘘言ったり二枚舌使ってるんじゃない。正直な印象なんだけどね。

荒井　クルマってそういうもんですよね。

　美女木で東京外環自動車道に入って和光ＩＣで降り、国道２５４号和光富士見バイパスへ右折して西に向かう。陸上自衛隊朝霞駐屯地を左に見ながら税大研修所前の交差点を右折すると右が朝霞中央公園である。

このあたり一体は戦前戦中には陸軍の被服廠（軍服の官製造工場）、南側一体の広大な地域には陸軍予科士官学校があったが、終戦後ともに米軍に接収されて朝霞は米軍の一大基地になった。

１９５２年（昭和27）年には北側の「キャンプノースドレイク」に米軍極東司令部が設置され、朝鮮戦争とその後の50年代はアジア地域における米軍の作戦指揮の中枢としての機能を担った。その後は陸軍の通信・情報部隊が駐屯しベトナム戦争時代の60年代中期にはノースキャンプ敷地内に負傷兵のための病院も作られている。

敷地の北側には複雑な形をした2階建ての司令部ビルディングがあった。通称「リトルペンタゴン」。

ノースドレイクは68年3月から順次返還がはじまり76年11月には中心部をのぞく大半を返還、リトルペンタゴンのあった北地区11万７３５９平米も86年2月14日に返還。施設建屋は順次解体されたが敷地は市民に開放されることもなく金網で仕切られたまま20年以上に渡って放置、府中基地跡地と同様ジャングルと化した。北地区一部の木々を伐採し「朝霞の森」と呼ばれる寂しい公園（「基地跡地暫定利用広場」）を埼玉県朝霞市がオープンしたのはようやく２０１２年11月4日になってからである。

前回見に来たとき（２０１３年5月19日）にはまだ出来ていなかった駐車場にクルマを停め、Ｇｏｏｇｌｅ地図の機能を使ってむかしといまの航空写真を見比べながら公園内を4人で歩いてみる。

福野　リトルペンタゴンのあった場所は、結局まだ金網で仕切ってあって入れないんだな。

荒井　この道がここでしょ、これがここ。するとちょうどここはリトルペンタゴンの西の端のとこですね。

古屋編集長　ここの舗装は確かに古いし舗道の縁石が日本じゃないです。

荒井　縁石の黄色いペンキも薄ら残ってますね。

森口カメラマン　あの2本の旗竿はなんか関係ありますかね（金網の内側の林の中に2本、錆びた旗竿が突っ立っている）。

福野　うん、あれだ。リトルペンタゴンの正門のポール。場所ぴったり。

荒井　これってリトルペンタゴン解体した瓦礫を撤去してないんで公開できないんでしょうね。

福野　役所はやっぱどこも仕事が超早いなあ。だって全面返還されてまだ30年しかたってないのにもう基地跡地暫定利用広場ができたんだから。つーことは普天間基地の跡地もあと100年くらいでディズニーランドになるかもしれんね。そのときもしまだ沖縄が日本ならパスポートなしで行けるぞ。

荒井　生きてませんから。

福野　ちなみにいまリトルペンタゴンはどこにあるか知ってる？

古屋編集長　沖縄。

福野　座間。（Googleマップ「神奈川県座間市入谷1」で飛んでその北側、米陸軍のキャンプ座間内に同じような形の建屋が見える）

　連載をやってるうちに福野の趣味がすっかり伝染したメンバーはクルマに乗って国道の南側の陸上自衛隊朝霞駐屯地の周囲をドライブ。ここには1957年まで米陸軍・第一騎兵師団が駐屯しており「キャンプサウスドレイク」と呼ばれていた。

60年3月からは陸上自衛隊が駐屯地として使用。また労働大学と税務大学、中高学校、公園なども旧米軍基地敷地跡にできている。米軍時代に「モモテハイツ」と呼ばれていた東南の住宅地区は理化学研究所、和光市役所や子育て支援センター、運動場など市の施設、国立保健医療科学院、裁判所職員総合研修所、団地、公園、学校などが並ぶ。

福野が当時の航空写真を精査して発見したというFEN（現在のAFN）放送局のあった場所（現在の労働大正門あたり）や、理研の南側にあるAFN送信用アンテナの広大な敷地などを見て回る。10時になったので陸上自衛隊・朝霞駐屯地の正門のすぐ横にある「陸上自衛隊広報センター」へ向かう。

施設のニックネームは「りっくんランド」だ。

陸上自衛隊・朝霞駐屯地内にある陸上自衛隊広報センターは、陸上自衛隊の任務や役割などを紹介するために作られた陸上自衛隊で唯一の体験型広報施設だ。ニックネームに使われている「りっくん」は広報センターのマスコットの名だという。我々カーマニアにとっては無料駐車場が完備しているというのは大きな魅力だ。

駐車場の入り口のところに「軽装甲機動車」の試作車が展示してあった。

荒井　すっげ〜。この鉄板の厚さ。このヒンジなんですかこれ。鉄の塊。

古屋編集長　よく東名高速とか走ってるやつですよね。トラックみたいなのかと思ってたら、近くで見るともの凄い作りです。

荒井　これは我々の常識の中にあるクルマとは別のものです。

森口カメラマン　（置いてある説明を読んで）空車重量4・5トンですって。半端ないっスね（笑）。

古屋編集長　車体のプレートに「小松製作所」って書いてあります。

りっくんランド企画係長・細金正二1等陸尉　おはようございます。

一同　おはようございます。よろしくお願いします。

広報センターとして設計されたコンクリート建築2階建て、延べ床面積２４００平米の施設。平成14（２００２）年4月5日にオープンして以来年間およそ12万人の人がおとずれているという。入場も無料だ。２０１４年10月31日には入場者数通算１５０万人を達成した。

順路は2階からはじまる。展示室には陸上自衛隊の歴史や活動、役割などに関する展示があった。災害派遣やＰＫＯ、またオリンピックなど国家的イベントの支援などこれまでの活動が紹介されており、東京オリンピックでファンファーレを吹奏したファンファーレ・トランペットなどの記念品、海外からなどの賓客などから贈られた品物などもディスプレイされている。

展示室の外は陸上自衛隊の任務や組織の概要を、管面タッチ操作で閲覧出来るコーナー。

日本全国を北部、東北、東部、中部、西部の5つの方面隊とその隷下14の師団・旅団で防衛するという部隊の配置に加え、「平成26年度以降に係る防衛計画の大綱について（25大綱）」で打ち出された「総合機動防衛力」を実現するために、空挺団、ヘリコプター団など各種専門的機能を持つ部隊の運用を迅速かつ段階的に展開する「中央即応集団（司令部はキャンプ座間内の陸上自衛隊・座間駐屯地内）」を設置したことなどいろいろ興味深い。中央即応集団はＰＫＯなどの国際平和活動などにも対応するという。
1階の展示ゾーンは、りっくんランドの人気スポットだ。展示してあるミサイルや銃などの武器、ヘルメットや防弾ベスト、背嚢、パラシュートなどの装備など、ほぼすべて実物。フロア中央に展示された巨大なヘリコプターは「コブラ」の愛称で知られるAH―1S対戦車ヘリコプター。富士重工業がライセンス生産を行い、1981（昭和56）年度から1998年（平成10）年度にかけて合計90機が配備された。展示機は昭和52年度（1977年）予算でアメリカから研究用に購入した初号機だという。射手席に座ってみることもできる。
巨大な90式戦車にも眼を奪われた。展示されているのは試作車両で、砲塔上にのぼって記念写真用にハッチの内部に体を入れることもできる。
荒井　（90式戦車の車長ハッチの中に半身をおさめて）なんともいえない眺めです。
福野　中をのぞくと面白いこと分かりますよ。
荒井　（砲塔内に展示用に設置された頑丈なタラップを数段降りて内部をのぞく）あ、内装真っ白。
福野　はい。戦車の中は古今東西国を問わず真っ白です。
現役の自衛官が迷彩服姿で館内の案内員を勤めているのもりっくんランドの特徴だ。婦人自衛官（WAC）の方も何人か勤務している。
WACの方の案内でAH―1Sの飛行の雰囲気を模擬体験できるフライトシミュレーターに試乗した。二人乗りの本体が6軸アクチュエーターで支持されていて内部で上演されるコクピットからの飛行風景にあわせて模擬Gが加わる。

荒井　（上演がはじまる）おお～結構な迫力……映像と動きが見事にシンクロしてますね。一体どこを飛んでるんでしょうか、結構高い山々をかすめるように飛行してます。こんな訓練ホントに日本でやってるんですね。

フライトシミュレーター「機関砲発射用意、発射っ。バラタタタタタタ……」

荒井　おおお～。ホバリングしてるのに反動であとずさりしてます。すごいすごい。

フライトシミュレーター「ＴＯＷ発射用意。発射っ。バッシーン」

荒井　ひえ～ミサイル撃った。まさかミサイル撃つとは……。

サービス精神満点だ。

89式５・56㎜小銃、５・56㎜機関銃（ＭＩＮＩＭＩ）などエアソフトガンでお馴染みの火器もガラス越しに本物がすぐ近くで見られる。装備品を身につけてみることもできる。

古屋編集長　（12㎏の防弾ベストを着て15㎏の背嚢を背負い、ヘルメットをかぶってみる）お、おも。立ってるだけなら平気ですが、走るの到底無理。

裏庭に出ると迷彩を施した本物の戦車や装甲車がずらりと並んでいる。

誰しも大注目は最新鋭の10式戦車だ。

車体後部についている２枚のプレートには「防衛庁技術研究本部」「戦車1号車」「２００８年1月製」などの表記。10式戦車の試作1号車だ。

お隣はスマートな74式戦車。こちらも車体後部に楕円形の真鍮製銘板があって「ＳＴＢ―０１２６」「昭和52年12月」と記載されていた。

荒井　本物の戦車なんて生まれて初めて見ました。ちょっと感動です。こんな近くでここまで見せちゃうんですね。
古屋編集長　これってひょっとしてこれが鉄板の厚みってことですか。
福野　そうそう。上はもっと厚いでしょ。
荒井　溶接の跡も凄いです。どういう溶接ですか。
福野　船舶と同じですね。引っ付ける鋼板同士にV字の隙間をあけといて、百何十回溶接して、V字谷の中をぜんぶ溶接のビードで埋める。
古屋編集長　この筋ってそういうことですか。
福野　表面だけ溶接したって応力かかったらパリっと取れちゃうでしょ。
荒井　こういうもんは本物見てみるもんですね。潜水艦も飛行機も凄いですが、戦車はクルマに近いだけに違和感も半端ないです。
一同　ありがとうございました。
細金正二1等陸尉　ありがとうございました。

帰路は3・5ℓ・V6の「LIMITED（575万円）」に乗る。こちらは4WDモデル。日本におけるフォード・エクスプローラーの販売台数は2011年秋の12年モデル導入以後、2012年1560台、13年1435台、14年1495台（フォード・ジャパン調べ）と安定している。2014年（1〜12月）の日本に置けるフォード車の総販売台数は4835台（ポルシェ、ルノーに次ぐ12位）だから、なんとエクスプローラーはその約34％だ。うち67％がＦＦモデル、33％が４ＷＤモデル。高価な４ＷＤモデルの人気も高い。

福野（ゆっくり出発）なるほど。こっちはＶ６積んだだけじゃなくて防音も積んでるんだね（＝遮音／吸音などの防音対策を強化している）。ＮＶについては床下にドラシャが通ってるからＦＦより４駆のほうが一般的に不利なんだけど、これは逆にもっと静かになってますね。タイヤはトレッドは明らかにソフトだけど、縦ばねはこっちも硬い。若干どたつく感じがあります。

荒井 先程のＦＦがミシュラン２４５／60―18、こちらハンコック２５５／50―20ですから４ポイントも上がってます。車重は１４０kgアップです（２１８０kg）。

帰路も和光ＩＣから外環自動車道へ。

荒井 入力が大きいと、どすんて突き上げきますが。ロードノイズはさっきより低い。高速巡航はなかなかいいです。

福野 ベースがラダーレームＦＲのトラックベースからからＦＦ＋モノコックの乗用車ベースになって、アメ車のＳＵＶはハンドリングも変速機の制御もＮＶもいろいろ繊細になりました。だからワインディングなんか走っちゃって、細かいところをちくちく言いたくなっちゃうんですよ。でも本領の高速巡航は視界がいいし静かだしシートがいいし、運転してると「これならどこまででもいける」という自信がわき上がってきます。これがアメ車の良さですよね。防音を積んだせいか、そういう点ではこっちはＦＲ時代のおおらかさがより残っている感じがします。ただ低中速トルクが若干細い（２・３ℓの４８０Nmに対し３４５Nm）ので、どうしてもさっきよりアクセル開度が大きくなっちゃう。今日のアベは４・７㎞／ℓ、ＪＣ08は７・５㎞／ℓだから63％しかいってない。ＦＦのほうは74％いった（ＪＣ08＝８・６㎞／ℓに対し６・４㎞／ℓ）。

荒井　荒井はとにかく各部の作りの良さとか商品性の高さに感心しました。内外装のクオリティはランドローバー車と変わらない。このデカさ立派さでＦＦ＝４９８万円というのは、お買い得感満点です。売れるのもよく分かります。

福野　その通りですね。

福野礼一郎（ふくの・れいいちろう）

自動車評論家。機械工学一般に広範な知識と実経験を持ち、自動車の設計および生産技術に関する評論著述では第一人者。独学と経験と取材で、30年以上原稿を書き続けてきた。東京都在住。

著書
「クルマはかくして作られる」「超クルマはかくして作られる」「クルマはかくして作られる3」
（以上二玄社刊）
「クルマはかくして作られる4」「クルマはかくして作られる5」
「福野礼一郎あれ以後全集1～7」
（カーグラフィック刊）
「福野礼一郎の宇宙（上・下）」
（双葉社刊）
「福野礼一郎 新車インプレ 2017」「人とものの讃歌1&2」「福野礼一郎のクルマ論評3」
（三栄書房刊）など

福野礼一郎あれ以後全集 8

2020年3月26日　初版第1刷発行

著者　福野礼一郎

発行者　加藤哲也

発行所　株式会社カーグラフィック
〒153-0063　東京都目黒区目黒1-6-17Daiwa目黒スクエア10F
電話　代表：03-5759-4186　販売：03-5759-4184

デザイン　アチワデザイン室

印刷　株式会社光邦

製本　牧製本印刷株式会社

Printed in Japan
978-4-907234-27-0